Peter Fidrich

Kommunikationssysteme mit Strategie

Edition CIO

Herausgegeben von Andreas Schmitz und Heinrich Seeger

Der Schlüssel zum wirtschaftlichen Erfolg von Unternehmen liegt heute mehr denn je im sinnvollen Einsatz von Informationstechnologie. Nicht ob, sondern WIE die Informationstechnik der Motor für wirtschaftlichen Erfolg sein wird, ist das Thema der Buchreihe. Dabei geht es nicht nur um Strategien für den IT-Bereich, sondern auch deren Umsetzung – um Architekturen, Projekte, Controlling, Prozesse, Aufwand und Ertrag.

Die Reihe wendet sich an alle Entscheider in Sachen Informationsverarbeitung, IT-Manager, Chief Information Officer – kurz: an alle IT-Verantwortlichen bis hinauf in die Chefetagen.

Konsequente Ausrichtung an der Zielgruppe, hohe Qualität und dadurch ein großer Nutzen kennzeichnen die neue Buchreihe. Sie wird herausgegeben von der Redaktion der IT-Wirtschaftszeitschrift CIO, die in Deutschland seit Oktober 2001 am Markt ist und in den USA bereits seit 16 Jahren erscheint.

Bereits erschienen:

Netzarchitektur – Entscheidungshilfe für Ihre Investition
Von Thomas Spitz

Kommunikationssysteme mit Strategie
Von Peter Fidrich

Weitere Titel sind in Vorbereitung.

www.vieweg-it.de

Peter Fidrich

Kommunikationssysteme mit Strategie

Planen, Entscheiden und Optimieren – Für Manager mit IT-Verantwortung

Bibliografische Information Der Deutschen Bibliothek
Die Deutsche Bibliothek verzeichnet diese Publikation in der Deutschen Nationalbibliografie;
detaillierte bibliografische Daten sind im Internet über <http://dnb.ddb.de> abrufbar.

1. Auflage Januar 2004

Alle Rechte vorbehalten
© Friedr. Vieweg & Sohn Verlag/GWV Fachverlage GmbH, Wiesbaden 2004

Der Vieweg Verlag ist ein Unternehmen von Springer Science+Business Media.
www.vieweg-it.de

Konzeption und Layout des Umschlags: Ulrike Weigel, www.CorporateDesignGroup.de
Umschlagbild: Nina Faber de.sign, Wiesbaden

ISBN-13: 978-3-528-05858-6   e-ISBN-13: 978-3-322-89914-9
DOI: 10.1007/978-3-322-89914-9

Dies ist ein Buch für Manager, die alle Möglichkeiten ausschöpfen wollen, um ihrem Unternehmen zum Erfolg zu verhelfen. Es handelt von der technischen Kommunikation und ihrem Einsatz zur Unterstützung unternehmerischer Ziele. Und es handelt auch davon, dass die Möglichkeiten, die diese Technologie inzwischen bietet, nicht optimal genutzt oder sogar ignoriert werden. Technische Kommunikation bedeutet hier die Vermittlung von Informationen durch Kommunikationsprodukte.

Die Kommunikation entwickelte sich aus zwei Richtungen: Der Datenverarbeitung mit dem E-Mail und der Nachrichtentechnik mit Telefon und Fax. Die Fachbereiche standen zusammen mit der Datenverarbeitung für Wertschöpfung, die Nachrichtentechnik für Kosten. Kommunikation war für das Unternehmen eine Dienstleitung wie andere.

Inzwischen hat sich die Welt entscheidend verändert. Einerseits brauchen und bekommen wir immer mehr Informationen und müssen schneller als zuvor reagieren, andererseits ist Kommunikation mit der Informationsverarbeitung integrierbar und wird damit sehr leistungsfähig. Sie wird zu einem wesentlichen Faktor für den Unternehmenserfolg.

Studien haben ergeben, dass durch den Einsatz moderner Technologien kommunikationsorientierte Abläufe 20-50% weniger Kosten verursachen, sie in ihrer Qualität signifikant verbessert und in ihrer Dauer verkürzt werden. Damit bietet sich ein enormes Rationalisierungspotential an.

Da Informationen das Rückgrat unseres Geschäftes sind, müssen wir uns überlegen, was die Kommunikation heute leistet, wie wir sie verwenden und welche Vorteile das Unternehmen daraus ziehen kann. Wie wir mit unseren Kunden, Kollegen, Mitarbeitern und Lieferanten kommunizieren, hat einen großen Einfluss auf unseren Erfolg.

Der gesamte Nutzen der Kommunikation steht dabei im Vordergrund. Es reicht nicht aus, bei solchen Investitionen allein die Wirtschaftlichkeit als Entscheidungskriterium zu verwenden, die für die Kommunikation ohnehin schwer zu quantifizieren ist. Mindestens genauso wichtig wenn nicht sogar wichtiger ist die Beurteilung, wie eine neue oder verbesserte Kommunikation die Unternehmensziele unterstützt. Das Erhöhen der Produktivität, die Verbesserung der Kundenbeziehung, das wirtschaftliche Betreiben des Informationsaustausches sowie die Sicherheit sind u.a. wesentliche Faktoren für den Geschäftserfolg. Der Einsatz der geeigneten Kommunikation ist dafür eine Basis.

In diesem Buch wird Ihnen das Wissen über die Kommunikation vermittelt, das Sie für Entscheidungen benötigen. Schwerpunkte sind dabei die Produkte der Kommunikation und ihre Anwendungen, strategisch orientierte Planung und Methoden der Beurteilung von Investitionsvorhaben. Sie werden damit in die Lage versetzt, als Anwender die potenziellen Möglichkeiten der heutigen Technologie besser einzuschätzen, als Entscheider die notwendigen Investitionen sachkundiger fällen zu können.

Technologie und Fähigkeiten sind heute vielfach zum großen Teil vorhanden; sie müssen jedoch besser oder anders eingesetzt werden, um ein Unternehmen schlagkräftiger zu machen. Das ist eine Aufgabe, die nur dann Erfolg hat, wenn sie von dem Management getragen und von den Mitarbeitern unterstützt wird.

Ich danke den Firmen Avaya Deutschland GmbH, COLT Telecom GmbH, dtms AG und der Siemens AG, die bereit waren, mir Unterlagen zur Verfügung stellen. Besonders möchte ich mich für die Unterstützung und Mitarbeit bei Herrn Franz Badjon, Herrn Axel Föry CISCO Systems GmbH, Herrn Ingo Lippert, Mindmatics AG, Dr. Werner Mikschiczek, Herren Kai Petersen und Simon Brooks der networks direkt mbH, Herren Dr. Michael Meyer, Andreas Stein, Raimund Richwien und Martin Gebler von der Siemens AG bedanken.

München, Oktober 2003   Peter Fidrich

Ich widme das Buch meiner Frau,
die mir meine Erfolge ermöglicht hat.
Auch danke ich ihr für die Mitarbeit an diesem Buch.

Inhaltsverzeichnis

1 Einführung

Die Kommunikation kann die strategischen Ziele eines Unternehmens wesentlich unterstützen. Voraussetzung dafür ist jedoch, dass sie optimal eingesetzt und genutzt wird. Alle Unternehmen verwenden die Kommunikationstechnologie in irgend einer Form; sie sehen dabei nicht, welche Chancen sie verspielen, wenn kein unternehmensorientiertes Gesamtkonzept für die Kommunikation vorhanden ist.

Dieses Buch soll Managern die Möglichkeit geben, die Kommunikation sinnvoll und weitaus effizienter als heute einzusetzen. Das ist nur möglich, wenn die dafür notwendigen Maßnahmen von den unternehmerischen Zielen abgeleitet werden.

1.1 Wie dieses Buch aufgebaut ist

Dieses Buch ist so aufgebaut, das das Wissen über die Kommunikation zu der praktischen Umsetzung führt (Bild 1.1).

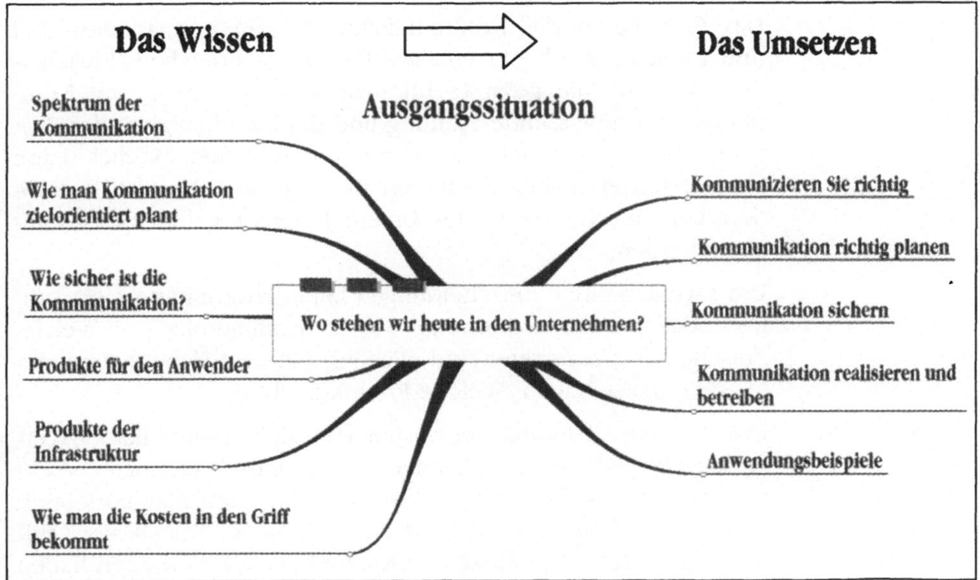

Bild 1.1: Struktur des Buches

Es ist gegliedert nach

> der Vermittlung von Kenntnissen u.a. über die Kommunikationsverfahren und -anwendungen, über zielorientiertes Planen, Sicherheit und Kosten (Wissen).

> der Beschreibung des vorhandenen Status der Kommunikation in den Unternehmen (Ausgangssituation).

> Vorschlägen, wie man das Wissen praktisch umsetzt, um die Kommunikation im Unternehmen neu auszurichten (Umsetzen).

In jedem Kapitel gibt es eine Einleitung, die den Zweck des Kapitels beschreibt. Die wesentlichen Aussagen sind grau hinterlegt.

Eingestreut sind Beispiele aus der Praxis, die Erfahrungen widerspiegeln sollen.

In dem Bereich der Information und Kommunikation gibt es viele Begriffe, die Gleiches oder Ähnliches bedeuten. Aus Gründen des Marketings entstehen immer neue Bezeichnungen, die teilweise inhaltlich identisch mit bereits vertrauten sind. Englische Begriffe sind gängig und häufig nicht vermeidbar. Wie die Begriffe verwendet wurden finden Sie im Glossar.

1.2   Das Wissen

Das Optimieren der Kommunikation ist ein permanentes Ziel und ist nicht durch ein einziges Projekt zu erreichen. Entscheidend ist eine die gesamte Informationsverarbeitung und Kommunikation umfassende Planung und die Nachhaltigkeit der Projektverfolgung. Die sich verändernden potentiellen Möglichkeiten für die Kommunikation müssen mit den sich ebenfalls verändernden Anforderungen des Unternehmens regelmäßig abgeglichen werden.

Um sachgerechtete Entscheidungen fällen zu können ist ein umfassendes Wissen notwendig: Was ist Kommunikation? Welche Entscheidungsparameter sind wichtig? Wie sind Sicherheitsaspekte zu berücksichtigen? Welche Produkte gibt es?

Das *Kommunikationsszenario* umfasst alle Kommunikationsverfahren, die sich aus der Datenverarbeitung und Nachrichtentechnik entwickelt haben. Sie werden monolog- und dialogorientiert verwendet. Kommuniziert wird durch Sprache, Text, Daten, Bilder oder Videos. Die einzelnen Kommunikationsverfahren haben unterschiedliche Vor- und Nachteile; sie müssen deshalb jeweils entsprechend der beabsichtigten Wirkung eingesetzt werden. Von großer Bedeutung sind Geschäftsprozesse, die mit Hilfe von Kommunikationssystemen verbessert werden können.

Entscheidungen für die Kommunikation sind nicht allein durch Wirtschaftlichkeitsbetrachtungen zu erreichen, sondern müssen an den *strategischen Zielen* des Unternehmens orientiert werden. Die Kommunikation muss mit einer *zielorientierten Planung* auf diese ausgerichtet werden. Warum sind die strategischen Ziele eines Unternehmens für ein Kommunikationskonzept wichtig? Reicht es nicht aus, wenn einzelne Maßnahmen wirtschaftlich beurteilt werden? Viele oder die meisten der Projekte für die Kommunikation sind wirtschaftlich nicht zu bewerten. Um Entscheidungen über die Kommunikation zu beurteilen, müssen deshalb die Unternehmensziele zusätzlich als Bewertungskriterien eingesetzt werden:

Die Unternehmensstrategie ist die Basis der Kommunikation

> Verbesserung der Wirtschaftlichkeit

> Erhöhen der Produktivität

> Verbessern der Kundenorientierung

> Ausreichende Sicherheit u.a.

Alle Maßnahmen müssen von diesen Zielen abgeleitet werden.

Ein wichtiger, nur im Zusammenhang mit der Informationsverarbeitung zu betrachtender Aspekt ist die *Sicherheit der Kommunikation*, d.h. die störungsfreie Nutzung der Kommunikationseinrichtungen. Sie wird durch interne und externe Einflüsse beeinträchtigt. Jedem sind Fälle bekannt, wo durch das Einschleusen von Viren Computer oder Netze in ihrer Funktionsfähigkeit beeinträchtigt wurden. Störungen werden jedoch auch in großem Umfang durch interne Quellen verursacht. Wenn man das potentielle Bedrohungspotential betrachtet ist das ein Horrorszenario!

Der Einsatz der Kommunikation basiert auf der verfügbaren Kommunikationstechnologie. Die *Produkte der Kommunikation* sind grundsätzlich in zwei Kategorien einteilbar:

> Den ersten Komplex sieht der Benutzer: Die Anwendung und das Endgerät. Beides muss im Zusammenhang mit der Informationsverarbeitung betrachtet werden

> Der zweite Komplex dient zur Durchführung der Kommunikation. Hierzu ist eine aufwendige Infrastruktur notwendig, die Vermittlungssysteme, Netze und Anwendersoftware umfasst. Diese wird im eigenen Unternehmen und bei externen Netzbetreibern eingesetzt. Zu die-

ser Kategorie gehören auch die Produkte zur Sicherung der Kommunikation.

Für die unterschiedlichen Kommunikationsverfahren und Anwendungen gibt es zum Teil alternative Lösungen. Aufgrund der komplexen Materie ist es wichtig, dass Sie als Anwender oder Entscheider ein ausreichendes Wissen über die Produkte und ihren Nutzen haben.

Die *Kosten der Kommunikation* sind schwer zu bändigen, weil sie sich nicht einzelnen Produkten oder Aktivitäten zuordnen lassen. Es ist daher notwendig, sich Methoden und Bewertungskriterien für diese Investitionen anzueignen, die den Nutzen transparent und die Entscheidungen vergleichbar machen. Von großer Bedeutung sind die Einsparungspotentiale, die sich im Zusammenhang mit Geschäftsprozessen ausnutzen lassen.

1.3   Die Ausgangssituation

Die heutige Situation in den Unternehmen erfordert zur Bewältigung der Aufgaben viele Informationen. Für die dazu notwendige Kommunikation sind leistungsfähige und teilweise teure Einrichtungen installiert worden, mit denen u.a. per Telefon, Handy oder E-Mail kommuniziert werden kann. Diese neuen technischen Hilfsmittel haben viele Vorteile, weil sie einen schnellen Informationsaustausch ermöglichen. Sie haben jedoch den Nachteil, dass sie missbraucht werden können und auch missbraucht werden.

Wir beherrschen die Kommunikation nicht

Viele Mitarbeiter klagen über die jetzt über sie hereinbrechende Informationsflut. Es gibt Leute, die 150 E-Mails pro Tag bekommen und sich weigern, diese noch zu lesen. Auch die Qualität hat stark gelitten; wo früher ein Brief mit einem für teures Geld entworfenen Logo des Unternehmens einen positiven Eindruck bei Kunden vermitteln sollte, wird heute eine E-Mail mit einem unattraktiven Schriftbild versendet.

Die *Ausgangssituation in einem Unternehmen* hat wesentliche Bedeutung für Entscheidungen zur Kommunikation. Wichtig sind dabei u.a.:

> Die strategische Orientierung des Managements

> Die eingesetzten Kommunikationsverfahren

> Das Kommunikationsverhalten

> Die eingesetzte Technik

> ➤ Die Methoden zur Investitionsentscheidung und Kontrolle der festgelegten Ziele

Die detaillierte Auseinandersetzung mit dem Ist-Zustand ist vollständig durchzuführen, da alle Aspekte zusammenhängend zu sehen sind.

1.4   Das Umsetzen des Wissens

Die *Planung und Realisierung* der Kommunikation ist ein komplexer Vorgang, der ausgehend von den unternehmerischen Zielen zu der Festlegung der Produkte und von Maßnahmen führt. Die Wahl des richtigen Weges ist notwendig, weil Kommunikation ein wichtiges Thema ist. Es gehören dazu:

> ➤ Eine klare Zielsetzung des Unternehmens

> ➤ Ein Management, das danach handelt

> ➤ Ein kommunikationsorientiertes Bewusstsein bei den Benutzern im Sinne einer Kommunikations-Charta

> ➤ Die Verfügbarkeit der notwendigen Produkte

> ➤ Ein ausreichendes Sicherheitskonzept

> ➤ Die Verfügbarkeit von kompetenten Mitarbeitern für die Planung und Realisierung

> ➤ Die Einhaltung von festgelegten Verfahren für die Planung und den Betrieb

Diese Anforderungen müssen von Anfang an sichergestellt werden; der Ausfall nur eines der Komponenten wird ein optimales Kommunikationskonzept zu Nichte machen.

Das Kommunikationsbewusstsein muss das Handeln prägen

Besonderes Augenmerk sollte man auf die Aspekte legen, die häufig nicht ausreichend gewürdigt werden: Das Erzeugen eines kommunikationsorientierten Bewusstseins, die Verwendung leistungsfähiger Methoden und das Sicherheitskonzept.

Die optimale Kommunikation ist kein Selbstzweck, sondern unterstützt die Ziele des Unternehmens. Jeder Mitarbeiter, der Kommunikation umfassend nutzt, muss ein entsprechendes *Kommunikationsbewusstsein* haben. Sein Verhalten ist entscheidend für den Erfolg. Es genügt nicht, die Möglichkeiten der Kommunikation zu kennen, sondern das Wissen muss auch das Handeln prägen.

Hierzu ist es notwendig, kontinuierlich Schulungen durchzuführen, laufend Informationen zu vermitteln und das Kommunikationsverhalten zu analysieren. Da Kommunikation so enorm wich-

tig ist, muss die Unternehmensleitung die notwendigen Maßnahmen fördern.

Verfahren für die Planung und den Betrieb sind notwendig, um
Entscheidungen angemessen vorzubereiten, sie gleichartig
durchzuführen und vergleichbare Ergebnisse zu erzielen. Bei
dem komplexen Feld der Kommunikation und insbesondere im
Hinblick auf deren Verknüpfung mit der Informationsverarbeitung sind sie eine Notwendigkeit. Technische und kommerzielle
Aspekte sowie Sicherheitsüberlegungen sind hier eng verknüpft.

Die Verwendung von Verfahren erfordert Akzeptanz

Die Beachtung dieser Regeln erfordert Disziplin. Wichtig ist
auch, dass das Top Management die von ihm verabschiedeten
Regeln selbst einhält. Ich habe schon sehr oft erlebt, dass aus tatsächlichen oder vorgeschobenen Zeitgründen alle festgelegten
Regeln für die Entscheidungsfindung über Bord geworfen wurden. Das ist manchmal unumgänglich; man weiß aber dann,
welche Risiken man eingeht.

Eine wichtiger Punkt ist die *Kontrolle.* Entscheidungen über Investitionen erfordern Prognosen; wenn nicht bekannt ist, dass
diese über die Laufzeit des Projektes kontrolliert werden, dann
werden fantasievolle Zahlen als Basis von Entscheidungen verwendet. Es ist auch wichtig, Erfahrungen mit den Prognosen in
zukünftige Planungen einzubringen.

Es ist für ein Unternehmen äußerst schwierig, die Gefahrenlage
abzuschätzen und den entsprechenden Schutzbedarf festzulegen. Deshalb muss im Zusammenhang mit der Informationsverarbeitung ein *Sicherheitskonzept* erstellt werden, dass eine Ba-
lance zwischen den Anforderungen an die Sicherheit und den
Kosten herstellt.

2 Kommunikationsszenario

Für die optimale Nutzung der Kommunikation ist es notwendig, das Spektrum der Kommunikationsverfahren, deren Nutzen sowie ihre Anwendungen zu kennen.

In diesem Kapitel werden die Kommunikationsverfahren mit ihren Stärken und Schwächen beschrieben, sodass ihr Einsatz zielgerecht erfolgen kann. Darüber hinaus wird erläutert, wie eine Integration der verschiedenen Medien am Arbeitsplatz und mit DV-orientierten Geschäftsprozessen erfolgen kann.

2.1 Kommunikationsverfahren

2.1.1 Welche Alternativen der Kommunikation gibt es?

Bei bedeutenden Gesprächen privater Natur oder wichtigen schriftlichen Mitteilungen überlegt man sich genau, was man sagen oder schreiben will. Dies sind seltene Ereignisse, für die man sich Zeit nimmt.

Geschäftliche Kommunikation ist meistens wichtig; sie ist heute geprägt durch Zeitmangel, Hektik und Komplexität und führt zu einem spontanen, dem Anlass häufig nicht angemessenen Kommunikationsverhalten. Ursache ist u.a. ein hoher Druck des Marktes, jedoch auch ein persönlicher Hang Einzelner, an möglichst vielen Aktivitäten beteiligt zu sein. Die Folge ist eine Verzettelung statt der notwendigen Konzentration auf möglichst wichtige Aktivitäten. Die zu übermittelnden Informationen werden demzufolge mit einer geringeren Aufmerksamkeit behandelt; es wird zu wenig überlegt, ob die Informationen überhaupt für einen Dritten notwendig sind, welche Form der Kommunikation zweckmäßig ist und welche Inhalte wie dargestellt werden sollen.

Die Kommunikation umfasst eine große Spannweite von Möglichkeiten. Kommuniziert wird durch Sprache, Text, Daten, Grafik oder Videos. Man hat also eine große Auswahl (Bild 2.1), die es richtig zu nutzen gilt.

> *Grundsätzlich besteht eine immer größer werdende Diskrepanz zwischen dem Angebot an Funktionen zur Kommunikation und der Fähigkeit, diese zu nutzen. Ein Schwerpunkt des Einsatzes von Produkten der Kommunikationstechnik muss es sein, regelmäßig das Wissen über die Anwendungen zu verbessern.*

Die vielen Möglichkeiten der Informationsübertragung haben alle signifikante Vor- und Nachteile. Jeder Nutzer sollte sich bewusst machen, was er mit einer bestimmten Kommunikationsart bewirkt; Sie als Entscheider sollten die für Ihr Unternehmen notwendigen Anwendungen erkennen können.

Ausgeschlossen wurde hier das *Internet*, das eine Mensch-Maschine Kommunikation und für sich schon allein ein großes Thema ist. Es bietet jedoch auch begrenzte Möglichkeiten der Kommunikation wie das „Chat" sowie in Anwendungen eingebettete E-Mails.

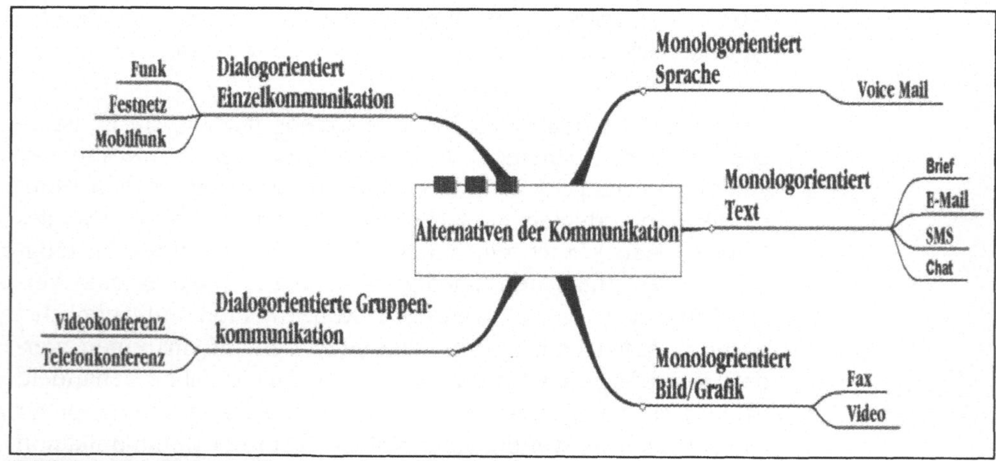

Bild 2.1: Spektrum der Kommunikation

Der *Einsatz von Medien* ist bestimmt durch deren Eigenschaften und auch durch die Fähigkeit des Kommunizierenden, dieses Medium zu benutzen. Es wird geschätzt, dass 80% der persönlichen Kommunikation durch die Körpersprache erfolgt. Für die Kommunikation mit technischen Einrichtungen blieben damit nur noch 20%! Hier muss man sich klar machen, dass die Sprache Ausdrucksmöglichkeiten hat, die bei einer schriftlichen Mitteilung nicht mehr gegeben sind. Es ist daher sehr wichtig, dass Sie den verbleibenden Spielraum der Kommunikationsverfahren ausreizen!

Die *Eigenschaften der Kommunikationsverfahren* unterscheiden sich grundsätzlich nach:

> ➢ Komplexität der Inhalte

> ➢ Schnelligkeit der Zustellung (von Person zu Person)

> ➢ Vertraulichkeit

> ➢ Reproduzierbarkeit durch Speicherung

> ➢ Weiterverarbeitbarkeit durch Kopieren, Weiterleiten

> ➢ Archivierbarkeit

2.1.2   Konventionelle Kommunikationsverfahren

Mitteilungen in schriftlicher Form spielen nach wie vor eine wichtige Rolle. Auch das seit vielen Jahren angestrebte „papierlose Büro" hat zu einer zunehmenden Verwendung der Kopiergeräte geführt. Der Grund dafür ist u.a., dass die Gewöhnung an Papier sehr groß ist und man das Papier überall hin mitnehmen kann. *Schriftliche Mitteilungen* haben gegenüber der Sprache Vor- und Nachteile und damit eine andere Wirkung. Sie haben u.a. den Vorteil, dass sie Aussagen fixieren. Die Briefpost wird daher nach wie vor eine große Bedeutung haben, da sie für bedeutende Mitteilungen eingesetzt werden muss. Sie ist auch wichtig, da sie eine besondere Qualität in der Informationsübertragung darstellt.

Briefe sind unersetzlich

Die Verwendung von schriftlichen Mitteilungen führt zu reproduzierbaren Informationen und stört den Empfänger nicht bei seiner Arbeit. Die von Dritten erzeugte Informationsflut ist jedoch nicht steuerbar und führt möglicherweise zu einer hohen persönlichen zeitlichen Belastung des Empfängers.

Die populärste Übertragung von *Bildern/Grafik*, d.h. von Bitmustern, geschieht durch das Fax. Die Übertragung erfolgt durch separat arbeitende Faxgeräte, zunehmend jedoch durch den PC, über den diese Dokumente empfangen und versandt werden können. Es gibt heute Software, mit dem ein *Fax* verändert und damit manipuliert werden kann.

Das am häufigsten verwendete Medium ist die *Sprache*. Es war und ist die schnellste, zuverlässigste und bedienerfreundlichste Kommunikation. Die Sprache ist darüber hinaus durch die persönliche Ausdrucksweise ein optimales Medium.

Durch die enorme Zahl an verfügbaren Telefonen ist man praktisch an jedem Ort weltweit erreichbar. Der Mobilfunk hat die Sprachkommunikation noch verstärkt. Telefonieren ist spontan. Das kann erfrischend sein, birgt jedoch große Gefahren für die geschäftliche Kommunikation. Die falsche Tonlage, ein missverständliches Wort können eine Kommunikation erheblich belasten. *Sprache im Dialog* bedeutet auch, dass ich einen sofortigen Einfluss auf die Informationsmenge habe. Bei optimaler Gesprächsführung bekomme und übermittle ich nur die Menge der Informationen, die ich haben will.

Man muss sich jedoch vor Augen führen, welche Vor- und Nachteile die Sprache bei der Kommunikation hat (Tabelle 2.1). Sie sollten bei jeder Anwendung präsent sein.

Beim Telefonieren ist besonders hervorzuheben, dass keine Dokumentation entsteht. Damit ist ein Gesprächsergebnis nicht mehr zuverlässig nachzuvollziehen. Eine Ausnahme sind die Kommunikation mit der Polizei, der Feuerwehr und auch mit Banken, wo der Telefonverkehr aufgezeichnet wird.

> *Die Sprache ist das ausdruckvollste Medium; durch die fehlende Dokumentation können jedoch nachträglich unterschiedliche Interpretationen des Gespräches erfolgen, was gerade im geschäftlichen Bereich nicht akzeptabel ist.*

Die Anwendung im Festnetz ist an den Arbeitsplatz gebunden, sofern nicht das Vermittlungssystem eine Zusatzkomponente zur Funkübertragung besitzt.

Telefonieren ist populär

Kommunikationsverfahren	Vorteile	Nachteile
Briefpost	➢ Hohe Erreichbarkeit ➢ Vertraulichkeit ➢ Inhalte reproduzierbar ➢ Dokumentiert und Archivierbar ➢ Persönlich gestaltbar ➢ Verteilbar ➢ Zeitpunkt des Lesens frei wählbar ➢ Große Mobilität des Papiers	➢ Hoher Aufwand zum Erstellen ➢ Langsame Zustellung ➢ Nicht Dv-technisch bearbeitbar ➢ Zeitpunkt des Lesens vom Absender nicht erkennbar ➢ Hoher Platzbedarf bei der Ablage
Fax	➢ Schnelle Übertragung ➢ Inhalte reproduzierbar ➢ Papierabhängig begrenzt archivierbar ➢ Universell einsetzbar	➢ Eingeschränkte Vertraulichkeit ➢ Nicht Dv-technisch bearbeitbar ➢ Durch Kopieren veränderbar ➢ Häufig schlechte Lesbarkeit ➢ Geringe Vertraulichkeit bei allgemein zugänglichen Geräten
Telefonieren im Festnetz	➢ Sofortiger Kontakt ➢ Schneller Informationsaustausch ➢ Steuerung des Gespräches möglich ➢ Ausrichtung der Sprache auf die Situation möglich (nett, verbindlich, böse)	➢ Keine Dokumentation ➢ Redundanz führt zu langen Gesprächen ➢ Schlechte Erreichbarkeit ➢ Hoher Störfaktor ➢ Keine Archivierung ➢ Keine Möglichkeit auszuweichen

Tabelle 2.1 : Vor- und Nachteile von konventionellen Kommunikationsverfahren

Das Telefonieren im Dialog wird dabei unterstützt durch verschiedene Leistungsmerkmale wie

> ➢ Einleitung eines Rückrufs im Besetztfall
> ➢ Automatische Wahlwiederholung
> ➢ Dreierkonferenz, Makeln

Rückruf und Wahlwiederholung werden in der Regel benutzt. Die meisten anderen Funktionen sind häufig nicht bekannt und es fehlt auch das Wissen um deren Anwendung.

Die *Rufumleitung* in das Mobilfunknetz ist eine Form der „Mobilisierung" des Festnetzes, jedoch auf Grund der hohen Kosten des Mobilfunknetzes nur begrenzt einsetzbar. Insbesondere betrifft das die Umleitung in das Ausland, da hier der Angerufene mit hohen Gebühren belastet wird.

Der größte Nachteil des Telefonierens aber ist, dass man den Angerufenen stört.

> *Telefonieren heißt das Optimieren der eigenen Arbeit zu Lasten Anderer!*

Abwehrstrategien gegen Störungen

Dagegen entwickeln viele Teilnehmer bestimmte *Abwehrstrategien*. Man ignoriert beispielsweise den Anruf, wenn man nicht gestört werden will. Moderne Telefone mit ISDN unterstützen dieses Verhalten, weil auf dem Display des Telefons die Telefonnummer oder der Name des Anrufenden sichtbar wird, sodass hier eine Entscheidungshilfe gegeben ist.

Die Ausweichmöglichkeit für das Telefonieren ist der *Anrufbeantworter*. Dessen wesentlicher Nachteil ist, dass die aufgesprochene Nachricht nicht mehr korrigiert werden kann (es sei denn durch eine zweite Nachricht mit ....vergessen Sie, was ich gesagt habe...). Darüber hinaus kann der Angerufene die Nachricht nicht weiter verwenden, d.h. er kann sie weder archivieren, noch beantworten oder weiterleiten.

2.1.3   Neuere Kommunikationsverfahren

Moderne Kommunikationsverfahren wie das mobile Telefonieren und das Korrespondieren mit E-Mail haben verschiedene Folgen, die nicht für jeden klar erkennbar sind:

> ➤ Sie substituieren konventionelle Formen, die ggf. für diesen Zweck angemessener wären.

> ➤ Durch einfache Bedienung wird die Menge an Informationen massiv vermehrt.

> ➤ Die Qualität sinkt, da mit der Menge weniger Wert auf Form, Ausdruck und Schönheit gelegt wird.

E-Mail ist weltweit einsetzbar

Electronic Mail ist das Versenden von Textnachrichten zwischen Nutzern von PCs. Als Anhang können Dokumente verschiedener Quellen hinzugefügt werden. Diese Kommunikationsform ist populär, weil sie einfach anzuwenden ist, die Texte als Unterlagen dem bisher gewohnten Papier entsprechen und auch ausgedruckt werden können. E-Mails wirken formloser als Briefe, weil häufig nur das Notwendigste und das auch noch in einem nachlässigen Schreibstil übermittelt wird. Das hat sich inzwischen gebessert, nachdem in der Anfangszeit des E-Mails Kleinschreibung und Ähnliches in Mode war und jetzt auch Rechtschreibungsprogramme zur Verfügung stehen.

Aus der Praxis

Ich habe mich einmal über E-Mail mit dem Leiter der Datenverarbeitung eines großen Handelsunternehmens unterhalten; er sagte mir, dass ihm die Form von Mitteilungen völlig egal wären. Auf den Inhalt käme es an! Die Frage ist, ob er das auch für andere Formen der Kommunikation wie dem Telefonieren akzeptieren würde. Qualitätsmaßstäbe sind auch für die Kommunikation von großer Bedeutung.

Der Vorteil dieses Kommunikationsverfahrens ist, dass durch die Verbreitung von Industriestandards wie MS Exchange oder Lotus Notes eine Verständigung in der Regel weltweit problemlos möglich ist. Der Nachteil liegt in der nicht ganz zufrieden stellenden Sicherheit, weil die Gefahr der Verseuchung durch Viren gegeben ist.

Bei E-Mail erlebt man den Fluch einer leichten technischen Handhabung, die dazu führt, dass Mitarbeiter resignieren ob der Flut der über sie hereinbrechenden Mitteilungen.

Mit dem *PDAs* (Personal Digital Assistent) als tragbarem Endgerät können ebenfalls E-Mails empfangen und versandt werden. Diese Anwendung ist jedoch durch die Größe des Bildschirms und der Tastatur begrenzt.

Die neuen Verfahren sind u.a. auf Grund der gesunkenen Kommunikationskosten und des rationellen Einsatzes äußerst wirtschaftlich, was allerdings durch die (häufig unnötige) Zunahme an Kommunikation teilweise kompensiert wird.

Konventionelle Verfahren der Textverarbeitung waren mit einer bestimmten Organisationsform verknüpft; beispielsweise erforderten große Mengen Briefpost eine hohe Qualifikation beim Schreiben. Das hat zu Schreibbüros und Sekretariaten geführt. Durch die zunehmende Verwendung von E-Mail wird die Schreibarbeit an den Arbeitsplatz des Einzelnen verlagert.

Mobilfunk

Sprachkommunikation hat durch den stürmischen Erfolg des *Mobilfunks* eine noch größere Verbreitung gefunden. Die Vor- und Nachteile des konventionellen Telefonierens wie schnelle Erreichbarkeit oder häufige Störungen werden hier verstärkt. Der Einsatz des Mobilfunks ist dadurch begrenzt, dass es bei vielen Gelegenheiten wegen der Störung durch Anrufe oder zu hoher Kosten ausgeschaltet wird.

Das Telefonieren im Mobilfunk hat ähnliche Funktionen wie das Festnetz; darüber hinaus besondere Eigenschaften, die sich aus seiner Mobilität und den zusätzlichen Möglichkeiten der Datenübertragung ergeben.

> *Die Nutzung des Handys ermöglicht es uns, eine unproduktive Kommunikation zu maximieren, da man häufig auf den Anrufbeantworter trifft oder den Angerufenen in Situationen erreicht, in denen er auf keinen Fall telefonieren möchte.*

Es gibt bei einigen Netzbetreibern die Möglichkeit, mit einem Mobiltelefon Festnetz und Mobilfunknetz zu vereinigen; dies ist jedoch reiner Mobilfunk, bei dem für den begrenzten Raum einer gewählten Mobilfunkzelle die Tarife des Festnetzes verrechnet werden.

Beim Mobilfunk besteht die Möglichkeit, den Standort des Nutzers durch die Identifikation der *Funkzelle* festzustellen. Das kann beispielweise ausgenutzt werden, um dem Benutzer lokale Angebote zu machen oder den Kundendienst besser zu steuern. Darüber hinaus bieten die neueren Übertragungsprotokolle eine wirtschaftliche Datenübertragung an, sodass aktuelle Daten übertragen werden können.

Mobile Endgeräte erweitern die Daten/Text-Kommunikation

Mit *SMS* (Short Message Service) können Mobilfunkteilnehmer untereinander kurze Textnachrichten austauschen. Der Reiz von SMS liegt darin, dass auch der Arbeitsplatzrechner und das Telefon in die Kommunikation mit einbezogen werden können. Unterstützt wird die einfache Eingabe von SMS am Mobiltelefon durch Verfahren wie der *tegic 9* Sprache, bei der die Belegung einer Taste mit mehreren Buchstaben ignoriert wird. Der Nutzer tippt nur einmal die Taste, auf der der Buchstabe angegeben ist. Durch Worterkennung wird dann in der Regel das richtige Wort automatisch erzeugt.

Mit dem Verfahren *EMS* (Enhanced Messaging Service) können Texte mit unterschiedlichen Zeichenformaten schneller übertragen werden.

Die Sprachkommunikation kann mit dem Telefonieren im Dialog oder *monologorientiert* (*store&forward*) durchgeführt werden.

Voice-Mail ist monologorientiert

Monologorientiert erfolgt sie mit *Voice-Mail*, einem System zum Versenden von Sprachnachrichten. Die Information wird dabei quasi als Sprachpaket versandt. Das Kommunikationsverfahren ist seit den 80er-Jahren in Deutschland verfügbar, wird jedoch kaum eingesetzt, obwohl es die Kommunikation durch die Qualität der Sprache in vielfacher Hinsicht verbessert. Es ist darüber hinaus sehr wirtschaftlich.

Der in Deutschland sehr begrenzte Einsatz dieses Produktes beruht darauf, dass die Sprache gewohnheitsmäßig immer im Dialog verwendet wurde.

Aus der Praxis

Bei vielen Einsätzen von Voice-Mail wurde mir immer entgegengehalten, dass der persönliche Kontakt im Dialog besonders wichtig sei. Auch mein Argument, dass nur das Informieren des Anderen kein Gespräch benötige, wurde nicht akzeptiert. Der Hinweis, dass man allein schon bei dem Ersatz von 10% der Anrufe durch Voice-Mail eine erhebliche Zeiteinsparung erzielen kann, fruchtete nichts. Hier war die Gewohnheit so groß, dass man nur über gezielte Anwendungen von Voice-Mail dessen Einsatz sukzessive vorantreiben konnte.

Voice-Mail wird bewusst genutzt

Die Basis des Voice-Mail Systems sind persönliche *Postfächer*, zu denen nur akkreditierte Nutzer Zugang haben. Diese können dort Nachrichten abhören, sie kommentiert weiterschicken oder beantworten. Eine einfache Funktion eines solchen Systems ist der *Anrufbeantworter*. Er wird nur dann eingesetzt, wenn der Angerufene nicht anwesend ist. Voice-Mail wird jedoch dagegen bewusst genutzt, um einfach und produktiv anderen akkreditierten Teilnehmern Mitteilungen in natürlicher Sprache zukommen zu lassen. Der Verkehr erfolgt über deren Postfächer.

Leistungsmerkmale von Voice-Mail sind u.a.:

- ➢ Senden
- ➢ Empfangen
- ➢ Speichern bis zu einem definierten Zeitpunkt
- ➢ Weiterleiten an verschiedene Personen mit unterschiedlichen Kommentaren
- ➢ Verteilen
- ➢ Antworten
- ➢ Archivieren
- ➢ Aussenden zu einem bestimmten Zeitpunkt

Entscheidend für den Einsatz ist hierbei, dass man für die Eingabe und das Abhören von Sprachnachrichten jedes Telefon der Welt verwenden kann; eine Ausnahme sind noch ggf. vorhandene Telefone mit Impulswahl, bei denen man die Frequenztöne zur Steuerung über einen Adapter eingeben muss.

Im Gegensatz zu E-Mail, dem Pendant für schriftliche Mitteilungen, können mit *Voice-Mail* auch Nachrichten ausgesendet werden. Aussenden heißt dabei, dass aus der Mailbox zu einem festgelegten Zeitpunkt direkt ein Telefon angewählt und die Nachricht übermittelt wird.

Aus der Praxis

Ich habe regelmäßig meine Mitarbeiter über Voice-Mail aktuelle Informationen über die Geschäftslage oder anstehende Entscheidungen übermittelt. Der Aufwand war durch den eingerichteten Verteiler gering. Da diese Informationen an jedem Tag von jedem Ort der Welt abgefragt werden konnten, waren sie stets gut informiert, was besonders im Vertrieb von großer Bedeutung ist.

Ein anderes Beispiel: Wenn ich abends wusste, dass ich am nächsten Morgen später ins Büro kommen würde, habe ich diese Nachricht an meine Sekretärin gesendet. Morgens, zu einer von mir festgelegten Zeit, klingelte bei ihr das Telefon und sie hörte meine Stimme mit einer entsprechenden Nachricht.

Ein weiteres Beispiel: Bei einem international agierenden Anwender von Voice-Mail mussten alle leitenden Mitarbeiter täglich über eine festgelegten Verteiler den Kollegen aktuelle Informationen zur Verfügung stellen. Sie selbst erhielten von der Geschäftsführung ebenfalls tagesaktuelle Anweisungen. Für diese weltweite Kommunikation war jeweils nur ein Telefon notwendig, um auf die Informationen zuzugreifen oder sie abzusenden.

Die Vor- und Nachteile moderner Kommunikationsverfahren zeigen im Einzelnen deutlich ihre Einsatzschwerpunkte (Tabelle 2.2).

Verfahren	Vorteile	Nachteile
Telefonieren mit Mobilfunk	Ortsunabhängigkeit	➢ Keine Dokumentation ➢ Großer Störfaktor ➢ Häufig abgeschaltet
Fax vom/zum PC	➢ Vertraulichkeit gesichert ➢ Schnelles Senden und sofortiger Empfang, wenn beide Seiten einen PC verwenden. DV-technisch verarbeitbar als Anhang	➢ Es besteht keine Fälschungssicherheit, da die Bildern/Grafik verändert werden können.
Sprachspeicherung mit Voice-Mail	➢ Nachrichten sind archivierbar ➢ Sprachnachrichten sind nach Wichtigkeit abrufbar ➢ DV-technisch verarbeitbar als Anhang z.B. vom Text ➢ Keine Störung des Empfängers ➢ Vertraulich ➢ Weiterleitung an verschiedene Personen mit unterschiedliche Kommentaren möglich ➢ Abhören einer Nachricht kann erkannt werden	➢ Akzeptanzprobleme, da Telefonieren mit Dialog gleichgesetzt wird, daher wenig verwendet
E-Mail	➢ Schnell und einfach ➢ DV-technisch verarbeitbar ➢ Reproduzierbar ➢ Weiterleitbar, bearbeitbar ➢ Ausgabe durch Vorlesen am Telefon möglich	➢ Ein-Ausgabe häufig nicht möglich ➢ Gefahr durch Hacker und Viren ➢ Gefahr von Datenmüll durch einfache Vervielfachung z.B. mit Verteilern ➢ Verführt zu schlechterer Qualität des Ausdrucks (Ausdruck, Verbindlichkeit, Grammatik)

Verfahren	Vorteile	Nachteile
SMS	➢ Kommunikation von Handy zu Handy, vom PC zu Handy oder Handy zu PC möglich ➢ Kurze knappe Informationen ➢ Ausgabe durch Vorlesen	➢ Schwierige Eingabe durch kleine Tastatur ➢ Begrenzte Länge der Information
Videokonfe-renzen	➢ Große Möglichkeit, persönlichen Ausdruck einzusetzen	➢ Das Umschalten zwischen Teilnehmern zwingt zu unnatürlichen Verhaltensweisen ➢ Organisatorisch aufwändig und noch teuer

Tabelle 2.2: Vor- und Nachteile von neueren Kommunikationsverfahren

2.2   Die Integration der Kommunikation am Arbeitsplatz

Die heutige Situation der Kommunikation in Unternehmen ist durch die separate Entwicklung der verschiedenen Kommunikationstechnologien entstanden.

Datenverarbeitung und Nachrichtentechnik gingen bisher hinsichtlich der Kommunikation getrennte Wege. Beide entwickelten Kommunikationsverfahren, die durch jeweils spezielle Endgeräte betrieben wurden:

Die Datenverarbeitung

➢ Bei Daten und Text war es die *Datenverarbeitung*, die auf der Basis der Daten– und Textübertragung das leistungsfähige E-Mail zur Verfügung stellte. Die Entwicklung des Internet als ein benutzerorientiertes Auskunftssystem folgte. Endgerät war das DV-Terminal und ist heute der PC. Diese Entwicklung lief getrennt von der betriebswirtschaftlich orientierten Informationsverarbeitung ab.

Die Nachrichtentechnik

➢ Das Telefon wurde bei der *Nachrichtentechnik* für die dialogorientierte Sprachkommunikation eingesetzt. In den 60er-Jahren erfolgte die Einführung von Voice–Mail, von dem in der Regel nur die Anrufbeantworterfunktion verwendet wurde. Die rasante Entwicklung der Mobilfunktelefonie ist bekannt. Für die Datenübertragung verwendete man Telex und später in Deutschland Teletex. Ebenfalls wurde Fax angeboten. Alle diese Geräte wurden separat mit speziellen Endgeräten betrieben.

Weitere trennende Merkmale sind:

> Nachrichtentechnik und Datenverarbeitung verwendeten und verwenden noch heute überwiegend getrennte *Übertragungsnetze.*

> Die Lieferanten für beide Bereiche waren und sind heute meistens unterschiedlich.

> Die Organisation beim Anwender war oder ist getrennt. Dementsprechend sind die Kommunikationsverfahren der Nachrichtentechnik nicht in betriebswirtschaftliche Abläufe integriert und die Anwender haben ein Vielzahl unterschiedlicher Endgeräte.

> Die Endgeräte haben verschiedene Ausprägungen: Die Telekommunikations-Industrie setzt auf das Handy, wogegen die IT- Firmen Produkte wie PDAs forcieren.

> Geschäftsprozesse sind nicht oder nur in geringem Maße mit der Kommunikation integriert

Die Konvergenz ist unübersehbar

Es besteht jedoch eine zunehmende Konvergenz:

> Die Unternehmen legen mehr und mehr die Verantwortung für Datenverarbeitung und Kommunikation zusammen. Das bringt jedoch nur dort Ergebnisse, wo Unternehmen auch substanziell die Anwendungen der IuK zusammenlegen.

> Die Lieferanten bieten heute Produkte an, die beide Gebiete abdecken. Übergreifende Standards von Produkten, die Leistungsmerkmale der Sprach– und Datentechnik umfassen, erleichtern die Zusammenarbeit unterschiedlicher Technologien.

> Die Endgeräte verschmelzen. Bei den Endgeräten sei die Konvergenz am Beispiel des PC beschrieben. Hier sind die Anzeige von Nachrichten von E-Mail, Voice-Mail und Fax auf dem Bildschirm des PCs bei Unified Messaging vereinigt. Ein anderes Beispiel ist die Verwendung eines *GPRS* oder *UMTS-Handys* für die Übertragung von Informationen über Börsenkurse.

> Die Zweigleisigkeit der Entwicklung von Endgeräten von Firmen der Informations- und Kommunikationstechnologie wird dadurch gemildert, dass normierte Schnittstellen eine Integration ermöglichen. Von den Herstellern beider Lager wird diese Möglichkeit auch genutzt.

> *Die heutige Konvergenz der Informations- und Kommunikationstechnik wird von vielen nur auf die Übertragungsnetze bezogen. Der Umbruch ist jedoch viel umfassender und wird von der Anwendung und den Geschäftsprozessen getrieben.*

Die *Integration der Prozesse* mit der Kommunikation läuft kontinuierlich mit der Veränderung der Informations- und Kommunikationstechnologie ab.

Hier einige Beispiele:

Die Integration der Kommunikation bringt dem Anwender Vorteile

> ➢ Bei dem Anruf eines Kunden kann durch die sog. A-Nr. im ISDN der Anrufer identifiziert werden, sodass dann automatisch die Kundendaten auf dem Bildschirm des PCs beim Sachbearbeiter angezeigt werden können. Damit wird anhand von Daten die Anfrage schneller erledigt.

> ➢ Eine Bank kann bei dem Über- oder Unterschreiten von festgelegten Limits bei Aktien automatisch einen Anruf an den Inhaber der Aktien durchführen und ihm durch Sprachsteuerung oder durch das Handy die Möglichkeit offerieren, bestimmte Aktionen zu veranlassen.

> ➢ Bei dem Ablauf von Geschäftsprozessen kann der Bearbeiter aus der Maske heraus Briefe schreiben oder Anrufe tätigen.

Die Kommunikation erfolgt in der Regel durch autonome und nur für diesen Zweck geeignete Endgeräte, wobei teilweise verschiedene Verfahren kombiniert werden. So kann durch ein Handy eine begrenzte Textübertragung mittels SMS erfolgen oder das Adressverzeichnis für ein Handy im PC geführt werden.

Die separate Nutzung eines Gerätes für die jeweilige Kommunikation führt zu den folgenden, die Produktivität einschränkenden Mängeln:

> ➢ Einzelne *Adressverzeichnisse* je Verfahren

> ➢ Unterschiedliche *Benachrichtigung* von eingetroffenen Anzeigen

Mängel einzelner Verfahren

> > o Bei E-Mail auf dem Display des PC

> > o Bei Voice-Mail ggf. über das Display des Telefons

o   Bei Fax keine Anzeige

➢   Keine Möglichkeit der Konvertierung von Nachrichten wie z.B. des Abhörens von E-Mails mit dem Telefon

Integrierte Lösungen bieten unter dem Namen *Unified Messaging* UM oder UMS eine Verknüpfung der verschiedenen Medien Sprache, Text und Bildern/Grafik über einen zentralen Speicher, die sog. persönliche Mailbox an. Hier können alle eingehenden Informationen zwischengespeichert werden (Bild 2.2).

> *Integrierte Kommunikationsverfahren werden heute unter dem Begriff Unified Messaging angeboten. Sie führen die Adressverwaltung, die Bearbeitung und Benachrichtigung verschiedener monologorientierter Nachrichten zusammen. Es besteht die Möglichkeit der Konvertierung.*

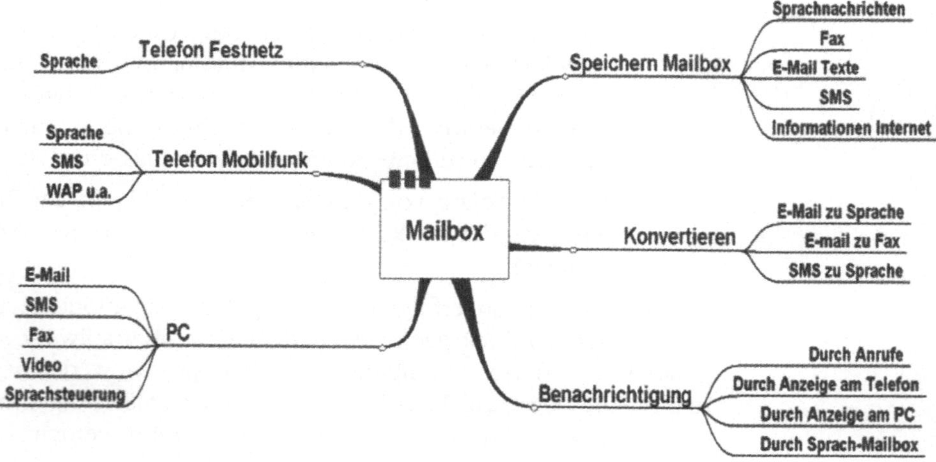

Bild 2.2: Unified Messaging

Der entscheidendende Vorteil des Systems ist, dass die in der Mailbox vorliegenden Informationen praktisch von jedem stationären und mobilen Gerät abgeholt oder weitergeleitet werden können.

Beim PC erfolgt die Bedienerführung über Menüs, die dem jeweiligen Kommunikationsverfahren entsprechen. Beispielsweise wird das Abhören von Sprachnachrichten wie bei einem Anrufbeantworter gesteuert. Die Bedienerführung beim Telefonieren erfolgt durch Sprachansagen (Bild 2.3).

Für Sie liegen 5 neue
Nachrichten vor, davon 2 Fax-Nachrichten und
1 E-Mail Nachricht.

*...Um die **Sprachnachricht**. anzuhören, wählen Sie 3!*

*... Um die **E-Mail Nachricht** vorlesen zu lassen, wählen Sie 7!*

*...Um die **Fax Nachricht** auf einem Drucker oder Faxgerät auszugeben, wählen Sie 8!*

Bild 2.3: Beispiel für das Abhören von Nachrichten mit UMS

Entsprechende Bedienerführungen gibt es beispielweise auch für das Versenden oder Weiterleiten von Nachrichten.

2.3   Die Integration der Kommunikation mit Geschäftsprozessen

Bei der Abwicklung von Geschäftabläufen ist der Zeitfaktor eine wesentliche Komponente, der die Durchlaufzeit, die Kosten und die Qualität maßgeblich beeinflusst. Wenn beispielsweise während eines Kundengespräches sofort auf verfügbare Informationen zurückgegriffen werden kann und damit Entscheidungen optimal gefällt werden können, ist das ein erkennbarer Wettbewerbsvorteil. Ähnliche Beispiele gibt es in allen Bereichen des Unternehmens.

Prozesse ohne Kommunikation

Die betriebswirtschaftlichen Abläufe von Geschäftsprozessen sind seit Jahren durch den Einsatz von ERP, CRM und anderen Programmen standardisiert, damit vereinfacht und beschleunigt worden. Dagegen ist die Kommunikation, die sich vor, während und nach den Prozessen abspielt nach wie vor unzureichend und verlangsamt den gesamten Ablauf. Das Telefonieren ist dabei die bevorzugte Kommunikationsform, wobei die bekannten Nachteile wie mangelhafte Erreichbarkeit in Kauf genommen werden. Auch die Verwendung von E-Mail verlagert nur das

Problem, da durch die Menge der eingetroffenen Nachrichten wichtige liegen bleiben.

Entscheidend für die zukünftige Optimierung der Kommunikation wird sein, wie man den Kommunikationsbedarf von Geschäftsabläufen Zeit sparend integriert. Die Gartner Inc. hat dafür den Begriff des *Realtime-Enterprise* geprägt.

Prozesse haben durch ungeplante Ereignisse einen unvorhersehbaren Kommunikationsbedarf, wobei sich durch die Klärung Verzögerungen ergeben (Bild 2.4). Bei diesen „Bruchstellen" sollten alle potenziell notwendigen Mitarbeiter verfügbar sein, um schnell reagieren zu können. Die Realität sieht natürlich anders aus:

Die Verfügbarkeit von Mitarbeitern

➤ Die Mitarbeiter haben andere Aufgaben, die sie termingemäß erfüllen müssen

➤ Sie sind nicht vor Ort verfügbar

➤ Sie haben möglicherweise nicht das notwendige aktuelle Wissen

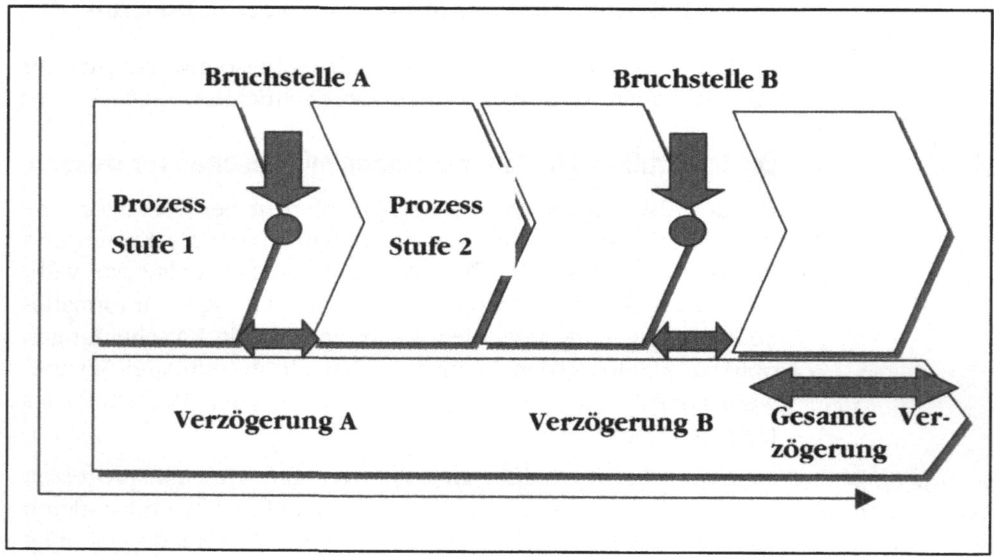

Bild 2.4: Bruchstellen des Geschäftsprozesses

Die bisherigen Aktivitäten der Wertschöpfung bei der Optimierung der Kommunikation betrafen die effizientere Nutzung der Netzinfrastruktur durch die Vereinigung von Daten und Sprache als *1gIP* (First Generation Information Processing) bezeichnet. Jetzt mit der *2gIP* (Second Generation Information Processing) soll eine Produktivitätssteigerung durch eine höhere Integration der Kommunikation mit der Informationsverarbeitung erreicht werden. Das wird beispielsweise mit *Groupware* Applikationen unterstützt. Sie wirken natürlich nur dann, wenn die personellen Voraussetzungen erfüllt sind: Die Mitarbeiter, d.h. die Wissensträger und Entscheider, müssen in einem notwendigen Umfang tatsächlich für ungeplante Aufgaben zur Verfügung stehen.

> *Voraussetzung für eine Optimierung der Geschäftsprozesse durch Echtzeitkommunikation ist ein Personal- und Zeitmanagement, dass eine ausreichende Verfügbarkeit der betroffenen Akteure sicherstellt.*

Werkzeuge sind beispielsweise die *Groupware OpenScape* von Siemens, *IBM Sametime* und *Microsoft Greenwich*.

Diese Produkte ermöglichen das Filtern des eingehenden Informationsflusses nach vorgegebenen Prioritäten. Sie ermöglichen auch über die Verwendung von sog. „Buddy-Listen", die Erreichbarkeit ausgewählter Partner zu erkennen und schnell Verbindungen wie für Telefonkonferenzen herzustellen.

Die Integration ist äußerst effizient

Nachdem die Rationalisierungspotenziale des Business-Process-Reengineering vielfach ausgereizt sind, müssen neue Wege gefunden werden, um Geschäftsprozesse durch eine Verkürzung ihrer Dauer, durch geringere Kosten und eine höhere Qualität zu verbessern. Studien[1] haben gezeigt, dass durch eine hohe Integration der Kommunikation mit der Informationsverarbeitung 20-30% der Kosten eingespart werden könnten. Dies betrifft kommunikationsintensive Segmente von Unternehmen wie Softwareverkauf, Produkteinführung oder industrielle Fertigung. Darüber hinaus soll noch die Dauer der Prozesse bis zu 40% verkürzt sowie die Qualität signifikant gesteigert werden können.

---

[1] Geschäftsprozess optimieren; eine Studie von Siemens und IBM Consulting Services

Andere Studien erwarten sogar Kostenreduzierungen zwischen 30- und 50%. Hier wurden technischer Außendienst, Vertrieb und Logistik untersucht. Im ersten Beispiel wurden allein 50% Zeit und Kosten bei der Auftragannahme eingespart.[2] Solche Ergebnisse können nur erzielt werden, wenn die Prozesse detailliert bekannt sind.

> *Die Integration der Kommunikation mit der Informationsverarbeitung verbessert die Kostensituation, verkürzt die Prozessdauer und erhöht die Qualität.*

Die technischen Voraussetzungen für die Integration der Kommunikation mit der Informationsverarbeitung sind vorhanden oder in einem fortgeschrittenem Entwicklungsstadium.

---

[2] Realtime-Communications/Einsatzszenarien für neue Standards und innovative Technologien. Eine Studie von Siemens und Accenture Juni 2003

3 Wie man zielorientiert plant

Dieses Kapitel soll Verständnis für eine auf Unternehmensziele ausgerichtete Planung wecken. Sie ist das Fundament für Investitionsentscheidungen, die nicht isoliert betrachtet, sondern im Rahmen einer zielorientierten Gesamtplanung erfolgen. Für die Kommunikation hat diese Vorgehensweise eine besondere Bedeutung, da sich Entscheidungen für die Kommunikation nur in geringem Umfang wirtschaftlich begründen lassen. Sie sollten nicht davor zurückschrecken, qualitative Aspekte ausreichend mit zu berücksichtigen, obwohl Zahlen bei der Entscheidungsfindung attraktiver sind.

3.1 Zielorientierte Planung

3.1.1 Beispiel für zielorientierte Planung

Lassen Sie mich an einem einfachen Beispiel darstellen, wie zielorientierte Planung aussehen kann. Hier wurde die *Branche Hotel* gewählt, für die ein Unternehmen der Informations- und Kommunikationstechnologie seine Produkte entwickeln wollte.

Aus der Praxis

Diese Überlegungen wurden im Rahmen einer Marketingkampagne tatsächlich durchgeführt. Es wurden die entsprechenden Produkte entwickelt und das Vermarktungskonzept auf die Verbesserung der Kundenzufriedenheit ausgerichtet. Innerhalb eines Jahres gelang es, den Umsatz mehr als zu verdoppeln.

Was sind die *Schlüsselfaktoren* eines Hotels?

> ➢ Wie bekomme ich Gäste ?

> ➢ Wie bekomme ich Gäste dazu, das Hotel wieder zu besuchen oder es weiterzuempfehlen ?

Um diese Ziele zu erreichen, muss ich bestimmte Leistungen optimieren, die den Gast betreffen.

Es wurden nur die Komponenten betrachtet, die von Produkten der Informations- und Kommunikationstechnologie beeinflussbar sind.

> ➤ Welche Möglichkeiten der Reservierung gibt es (Telefon, Internet, Fax)?

> ➤ Werden gespeicherte Daten des Gastes beim Einchecken verwendet? Beispiele sind Adresse oder Kreditkartennummer

> ➤ Muss der Gast beim Ein- oder Auschecken warten, weil die Rechnungsstellung zu lange dauert ?

> ➤ Wird er persönlich beim Wiederkommen bedient (hat er ein Nichtraucherzimmer gehabt, bekommt er das Gleiche Zimmer wieder usw.) ?

> ➤ Hat der Gast ausreichende Kommunikationsmöglichkeiten wie Zugriff zum Internet ?

> ➤ Kann die Rezeption ihm Vorschläge für seine Freizeit machen, die auf seinen Fernseher überspielt werden ?

Ergebnis dieser Überlegungen ist, dass Produkte und Leistungen nach den Zielen der Kunden geplant werden müssen. Mitarbeiter, die sich intensiv mit den entsprechenden Kundengruppen befassen, müssen unternehmerisch denken.

3.1.2 Zielsetzung eines Unternehmens

Die *Ziele eines Unternehmens* werden aus der unternehmerischen Strategie abgeleitet. Sie sind die Grundlage für Entscheidungen zur Informations- und Kommunikationstechnologie (IuK).

Beispiele für die unternehmerischen Ziele können sein :

> ➤ Wirtschaftlichkeit

> ➤ Kundenorientierung

> ➤ Sicherheit

Wirtschaftlichkeit

Das wichtigste Ziel eines Unternehmens ist es, einen angemessenen Ertrag zu erwirtschaften. Für die Kommunikation bedeutet das einerseits die *Kosten* für die Beschaffung und den Betrieb der entsprechenden Einrichtungen niedrig zu halten, andererseits die Produktivität der Mitarbeiter zu erhöhen. Normalerweise stehen die Kosten für die Beschaffung und den Betrieb im Vordergrund, da sie scheinbar gut messbar sind. Sie machen jedoch nur einen begrenzten Anteil der Gesamtkosten aus. Wesentlich wichtiger sind unter diesem Aspekt die Personalkosten, bei denen jedoch die Steigerung der *Produktivität* sehr schwer zu messen ist.

Kundenorientierung

Weiterhin hat die Optimierung der *Kundenschnittstelle* eine hohe Bedeutung, da die Art der Kommunikation die Akzeptanz beim Kunden maßgeblich beeinflusst. Gemeint sind beispielsweise die Erreichbarkeit der Mitarbeiter oder die Reaktionsgeschwindigkeit.

Sicherheit

Sicherheit bedeutet, dass Beeinträchtigungen durch Störungen des Betriebsablaufes vermieden werden und unternehmerische Aktivitäten durch Ausspähen von vertraulichen Informationen nicht beeinträchtigt werden. Das hat auch erheblichen Einfluss auf die anderen Unternehmensziele.

Aus der Praxis

Ich habe einmal ein Projekt geplant und ausgeschrieben, bei dem die gesamte IuK von mehreren Töchterunternehmen erneuert werden sollte. Die Ausschreibung beruhte auf ähnlichen unternehmerischen Zielen. Keiner der Anbieter ging auf diese Ziele ein, sondern bewegte sich auf der üblichen technologischen Basis. Die Angebote wurden ausgewertet und aufbereitet. Das Ergebnis wurde zielorientiert vorgetragen; für die Geschäftsführer war nur der Punkt Kostenreduzierung von Interesse. Alle anderen Aspekte waren nicht wichtig.

Es sind die Lieferanten <u>und</u> die Kunden, die beide einen zu begrenzten Fokus haben!

Für die Kommunikation hat eine US Studie[1] die folgende Rangfolge für die unternehmerischen Ziele genannt:

1. Produktivität
2. Kundenkontakt
3. Kostenreduzierung

Das Thema Sicherheit war nicht abgefragt worden.

3.2   Ableitung der Kommunikation von den Zielen

3.2.1   Fokus Wirtschaftlichkeit

Jeder Manager wird bestrebt sein, Entscheidungen mit quantifizierbaren Kriterien wie Kosteneinsparungen zu untermauern. Bei dem Einsatz einer modernen Kommunikationstechnologie wird das natürlich auch angestrebt. Wirtschaftlichkeitsbetrachtungen sind in vielen Fällen nicht als Basis einer Entscheidung ausreichend; der Grund ist, dass der nicht quantifizierbare Nutzen meist die quantifizierbaren Vorteile weit übersteigt und sich erst im Gesamtergebnis des Unternehmens niederschlägt. Als Beispiel sei die *Zeiteinsparung* beim Einsatz von Voice-Mail gegenüber dem Telefonieren im Dialog genannt.

Die Wirtschaftlichkeit der Kommunikation setzt sich zusammen aus dem Leistungsangebot für die Nutzer, die sich in einer höheren Produktivität niederschlägt und in den Kosten für die Beschaffung und den reibungslosen Betrieb der eingesetzten Systeme.

Wirtschaftlichkeit als Produktivität

Die Produktivität ist schlecht messbar und steht daher nicht im Mittelpunkt

Die Erhöhung der Produktivität von Mitarbeitern und Führungskräften durch die Kommunikation ist bei dem hohen Anteil der Personalkosten ein zu wenig beachtetes Thema.

Die Verbesserung der Produktivität durch eine optimale Kommunikation ist ein entscheidender Hebel, um die Wirtschaftlichkeit signifikant zu verbessern.

---

[1] Quelle 2000 CT Study, 1999

Die Erhöhung der Produktivität des einzelnen Mitarbeiters ergibt sich aus aktiven, von ihm selbst beeinflussbaren und passiven Komponenten, die durch Dritte beeinflussbar sind (Tabelle 3.1).

Unternehmerisches Ziel: Produktivität	Abgeleitete Ziele der Kommunikation (Beispiele)
Aktive Komponenten	
Bedienung	➢ Flexible Ein-/Ausgabe für Sprache, Text, Images (wie Fax) <u>an einem</u> Gerät ➢ Ausreichende Kenntnisse der Bedienung durch regelmäßige Schulung ➢ Einfache Bedienbarkeit
Benutzbarkeit	➢ Konvertierbarkeit der Medien ➢ Kein Missbrauch durch Dritte ➢ Geringe Ausfälle ➢ Erreichbarkeit zu allen Zeiten ➢ Verfügbarkeit der technischen Leistungsmerkmale für Alle und an allen Orten ➢ Unterstützung der Echtzeitkommunikation durch Buddy-Listen ➢ Schneller Aufbau von Verbindungen
Unterstützung	➢ Sofortige Unterstützung bei Problemen der Anwendung durch ein Helpdesk ➢ Leistungsstarke Hilfe - Funktionen des eingesetzten Systems
Passive Komponenten	
Störungen des Arbeitsablaufs	➢ Geringe Störungen durch Telefonanrufe mit Filterung
Überlastung durch Informationsflut	➢ Reduzierung des Empfangs von zu vielen und unnötigen Mails (E-Mail, Voice-Mail)

Tabelle 3.1: Ableitung der Kommunikations-Anwendungen von dem Ziel Produktivität

Die Produktivität wird maßgeblich durch die verwendeten Ein-/Ausgabegeräte beeinflusst. Auf ihnen müssen Sprache, Text und Images wie Fax zusammengefasst sein.

Produktivität und Anwendungen

Gute Kenntnisse der *Bedienung* von Kommunikationseinrichtungen und –anwendungen sind wichtig, weil nur durch ihre Beherrschung eine produktive Nutzung erreicht werden kann. Das muss durch Schulungen sowie durch eine kontinuierliche Versorgung mit Informationen erreicht werden. Die erworbenen Kenntnisse werden nur durch eine regelmäßige Nutzung beibehalten.

Die eingesetzten Systeme müssen einfach in der Administration sein; das gilt nicht nur für die normale Nutzung, sondern auch für die Anpassung von individuellen Parametern.

Generell muss sichergestellt sein, dass die Komplexität der eingesetzten Produkte keinen zu hohen Trainingsaufwand erfordert.

> *Mit entscheidend für das Erhöhen der Produktivität ist die Integration mit der Informationsverarbeitung.*

Durch die Integration mit der Informationsverarbeitung können elektronische Filter, die nach festgelegten Prioritäten aufgebaut werden, eingehende Nachrichten unterschiedlich behandeln. Darüber hinaus kann eine *Echtzeitkommunikation* mit festgelegten Partnern dadurch unterstützt werden, dass deren Erreichbarkeit und das aktuelle Medium über sog. *Buddy-Listen* aufgerufen werden können. Hier ist dann auch die Möglichkeit gegeben, schnell mit einer oder mehreren Personen Telefonverbindungen herzustellen.

Missbrauch der Kommunikation

Die neuen Kommunikationsmedien können leicht missbräuchlich verwendet werden. Das betrifft einerseits die Nutzung zu privaten Zwecken; ein Beispiel hierfür ist das E-Mail, dass sehr häufig privat genutzt wird. Sie ermöglichen auch andererseits, schnell und ohne erheblichen Aufwand große Mengen von Informationen zu versenden. Das führt bei den Empfängern zu einem nicht zu vertretenden Zeitaufwand allein für das Lesen.

Die eingesetzten Systeme und Verfahren müssen eine große organisatorische Flexibilität sicherstellen, sodass Mitarbeiter von jedem Ort und zu jeder Zeit ohne Einschränkungen arbeiten können. Dies bedeutet beispielsweise, dass ein Mitarbeiter an jedem Arbeitsplatz in Deutschland seine gewohnte kommunikationstechnische Arbeitsumgebung zur Verfügung gestellt bekommen kann. Voraussetzung dafür ist, dass die eingesetzten Kommunikations-Verfahren innerhalb einer Organisation identisch sind, sodass sich ein Mitarbeiter bei einem Ortswechsel nicht auf ein neues Verfahren einstellen muss. Ein Beispiel ist die Funktionalität des Telefons oder der Zugriff auf eigene Adressverzeichnisse.

Produktivität und Sicherheit

Produktivität ist auch eine Frage der *Sicherheit*. Die eingesetzte Technologie muss ausfallsicher sein, da heutige Geschäftsprozesse auf ständiger Verfügbarkeit einer Kommunikation aufbauen. Die Produktivität wird weiterhin massiv beeinträchtigt, wenn durch interne oder externe Personen oder durch unerwartete Ereignisse der normale Ablauf gestört wird und ggf. hohe Aufwendungen erbracht werden müssen, um Schäden zu beseitigen. Hier muss durch ein Sicherheitskonzept, das auch die Mitarbeiter in starkem Maße einbezieht, kontinuierlich der reibungslose Ablauf abgesichert werden. Das bedeutet, dass entsprechende technische Einrichtungen eingesetzt und ständig auf einem aktuellen Leistungsstandard gehalten werden müssen. Die Verbesserung der Produktivität bei der Kommunikation führt damit zu Anforderungen an eine

➢ Optimale Technologie

➢ Ausreichende Schulung

➢ Angepasste Organisation

➢ Verbesserung des Verhaltens der Beteiligten

Wirtschaftlichkeit als Kostenreduzierung

Kostenreduzierungen für die *Beschaffung und Betrieb* beziehen sich auf die Teile von Investitionsvorhaben, bei denen Kosten und Nutzen weit gehend quantifizierbar sind (Tabelle 3.2).

Unternehmerisches Ziel: Kostenreduzierung	Abgeleitete Ziele der Kommunikation (Beispiele)
Beschaffung / Betrieb	➤ Niedrige Beschaffungskosten für Geräte, Übertragungsleistungen und Software unter Berücksichtigung einer Leistungsbegrenzung bezogen auf den tatsächlichen Bedarf ➤ Niedrige Entwicklungskosten durch Verwendung von Standardlösungen ➤ Wirtschaftliche Beschaffung externer Dienstleistung ➤ Niedrige Betriebskosten durch den Vergleich interner Lösungen mit externen Anbietern (Outsourcing) ➤ Vermeidung außergewöhnlicher Kosten durch hohe Zuverlässigkeit bei der Realisierung durch ein effizientes Projektmanagement

Tabelle 3.2: Ableitung der Kommunikations-Anwendungen von dem Ziel Kostenreduzierung

Niedrige Kosten zur Verbesserung der Ertragssituation müssen durch die Planung, die Realisierung und den Betrieb der eingesetzten Systeme und Produkte erreicht werden. Der Leistungsumfang muss auf den tatsächlichen Bedarf begrenzt werden. Das betrifft besonders die Beschaffung von Einrichtungen und Dienstleistungen. Das gilt auch für die Anmietung von Übertragungsleitungen für die internen wie auch die von externen Mitarbeitern.

Die Kosten für die Durchführung von Aufgaben durch eigene Mitarbeiter müssen immer mit externen Anbietern verglichen werden. Die Verlagerung nach außen setzt jedoch voraus, dass die fachliche *Kompetenz* für die Beurteilung im eigenen Hause vorhanden ist. Ist das nicht der Fall oder werden die eigenen Fähigkeiten überschätzt, dann treten mit Sicherheit außergewöhnliche Kosten auf. Diese sind auch dann zu erwarten, wenn Leistungen oder Produkte eingesetzt werden, die nicht ausreichend erprobt sind.

> *Die Ertragsverbesserung durch Einsparung interner Kosten ist nur durch kontinuierliche Kosten- und Leistungsvergleiche zu erreichen. Besondere Aufmerksamkeit ist der Vermeidung außergewöhnlicher – und damit ungeplanter - Kosten zu widmen.*

3.2.2   Fokus Kundenorientierung

Die *Kundenorientierung*, auch Customer Care genannt, ist ein häufig vom Management verwendeter Slogan, hinter dem sich wenige oder eine Vielzahl von Aktivitäten verbergen können. Das gegenwärtig verwendete Schlüsselwort für die Verbesserung der Kundenbeziehungen heißt *CRM*. Sieht man CRM unter dem Blickwinkel der Informationsverarbeitung, dann bedeutet das den Einsatz von Software Systemen, meistens mit einer - in der Regel unterschätzten - unternehmensspezifischen Anpassung. Diese Systeme decken auch bestimmte Aspekte der Kommunikation ab.

Kundenorientierung bedeutet die Kommunikation zu verbessern

Die *Schnittstelle zum Kunden* wird stark durch die Kommunikation geprägt. Wenn Sie nicht oder nur mangelhaft zu erreichen sind, kann das Ihren Kunden veranlassen, den Lieferanten zu wechseln.

> *Die Kommunikation mit dem Kunden ist in der Regel nicht zufrieden stellend; sie ist jedoch mit den heute verfügbaren organisatorischen und technischen Mitteln wesentlich verbesserbar.*

> *Die Abwicklung von Prozessen für Kundenaufträge ist in jeder Phase mit Kommunikation verbunden; findet diese entkoppelt vom IT-Prozess statt, so werden die Prozesse verlangsamt.*

Im Folgenden sollen Möglichkeiten aufgezeigt werden, durch ein zielgerichtetes Kommunikationskonzept die bisher nicht genutzten Möglichkeiten auszuschöpfen (Tabelle 3.3)

Unternehmerisches Ziel: Kundenservices	Abgeleitete Ziele der Kommunikation (Beispiele)
Kommunikation des Kunden mit der Firma	➢ Schnelle Erreichbarkeit ➢ Ständige Erreichbarkeit ➢ Beschaffung von Informationen Zeit unabhängig ➢ Speicherung von Benachrichtigungen ➢ Angebot von Alternativen der Benachrichtigung
Maßnahmen zur optimalen Behandlung des Kunden bei der Kommunikation	➢ Schnelle Reaktionsfähigkeit durch Möglichkeiten der Priorisierung eines Kunden ➢ Integration der unterschiedlichen Medien mit einer Konvertierung von Informationen ➢ Kurze Bearbeitungszeiten durch Verarbeitbarkeit der Informationen ➢ Schnelle Reaktion auf Geschäftsprozessunterbrechungen ➢ Nachprüfbarkeit von Informationen durch Archivierung ➢ Bessere Steuerung des Außendienstes durch Mobilfunk mit wirtschaftlicher Datenübertragung

Tabelle 3.3 : Ableitung der Kommunikations-Anwendungen von dem Ziel Kundenorientierung

Erreichbarkeit erhöhen

Unter dem Gesichtspunkt der Verbesserung des Kundenservices mit einer verbesserten Kundenschnittstelle muss der gesamte Bereich der Kommunikation gesehen werden. Der Kunde erwartet eine extrem hohe Erreichbarkeit seines Lieferanten. Darüber hinaus wird er einen Bedarf an Informationen haben, den er Zeit unabhängig befriedigen will. Hierzu gehören Informationen über Produkte und Konditionen, wie auch solche über gerade laufende Aufträge.

Reaktionszeiten verbessern

Damit in Verbindung stehen kurze *Reaktionszeiten*. Sie sind dann kurz, wenn der Angerufene möglichst umgehend behandelt wird. Hilfreich ist hier das Bilden einer Rangfolge der Kunden und auch der Kundenhierarchien, um verschiedene Reaktionsmechanismen anwenden zu können.

Um schnell informiert zu werden ist es notwendig, die eingetroffenen Nachrichten verschiedener Medien vollständig auf einzelnen Endgeräten anzeigen zu können. Beispiele hierfür sind die Meldung von eingehenden Nachrichten (Sprache, E-Mail, Fax) auf dem Handy oder das Vorlesen von E-Mails am Telefon.

Kurze Bearbeitungszeiten anstreben

Kurze *Bearbeitungszeiten* erhält man, wenn keine Medienbrüche auftreten und die Informationen gespeichert verfügbar sind. Das trifft vorzugsweise für E-Mails zu, jedoch können auch gespeicherte Sprachnachrichten mit einem Kommentar weitergeleitet werden. Es ist vorteilhaft, wenn alle gespeicherten Nachrichten nachprüfbar sind; dies zeigt deutlich den schwer wiegenden Nachteil von Telefongesprächen.

Kunden haben häufig entweder auf Grund ihrer persönlichen Ansprüche oder ihrer technischen Ausstattung spezifische Anforderungen an Kommunikationsmedien. Diese sollten transparent gemacht werden, um entsprechenden Wünschen entgegen kommen zu können.

Entscheidend ist die Integration der Kommunikation mit Geschäftsprozessen, die den Kunden betreffen. Schnelle Reaktionen oder Änderungen können durch eine optimale Kommunikation verzögerungsfrei veranlasst werden.

3.2.3 Fokus Sicherheit

Die Sicherheit hat eine besonders große Bedeutung für das einwandfreie Funktionieren der Geschäftsprozesse. Sie ist gefährdet durch Störungen und den Ausfall von Produkten.

Sicherheit ist ein Top-Thema

Durch die Öffnung der internen Übertragungsnetze nach außen mit E-Mail und Internet hat dieses Thema sehr stark an Bedeutung zugenommen. Ein Unternehmen muss sich deshalb permanent mit Schwachstellen auseinander setzen, um dieses komplexe Gebiet in den Griff zu bekommen (Tabelle 3.4).

> *Viele Unternehmen legen zu wenig Wert auf Sicherheit. Es ist ihnen nicht bewusst, welche Gefahren ihnen deshalb drohen. Außerdem möchten sie das Vertrauen in die Mitarbeiter nicht durch Misstrauen beeinträchtigen.*

Sicherheit ist oder kann für viele Unternehmen ein Marketing-Instrument sein. Es geht nicht allein um den Schutz von internen Daten, sondern auch von denen des Kunden. Hierzu gehören u.a. sein *Benutzerprofil* wie auch sein finanzielles Verhalten (Mahnungen bei ausstehenden Rechnungen usw.). Der geringe Erfolg des sog. E-Business beruht im Wesentlichen darauf, dass die potenziellen Kunden kein ausreichendes Vertrauen in die Übertragungssicherheit ihrer Daten haben.

Unternehmerisches Ziel: Sicherheit	Abgeleitete Ziele der Kommunikation (Beispiele)
Störungen von außen	➢ Schutz gegen Viren bei E-Mail, WAP ➢ Schutz vor Zuschütten mit unsinnigen Meldungen
Störungen von innen	➢ Schutz vor Fehlern bei der Bedienung ➢ Schutz vor Sabotage ➢ Schutz vor Fälschung von Informationen, ➢ Transparenz der Berechtigungen durch ein sauberes und kontrolliertes Berechtigungskonzept ➢ Schutz vor technischen Ausfällen
Ausfallsicherheit	➢ Störungssicherheit aktiver Komponenten ➢ Störungssicherheit passiver Komponenten

Tabelle 3.4: Ableitung der Kommunikations-Anwendungen von dem Ziel Sicherheit

Sicherheit bedeutet bei der Kommunikation, dass keine Verfälschung oder das Abhören von Nachrichten durch unbefugte Dritte möglich ist. Dieser Aspekt hat durch die sich öffnenden Netze wie bei Internet eine große, jedoch häufig unterschätzte Bedeutung

> *Die Nutzung moderner Kommunikationsmedien ohne entsprechende technische, organisatorische und personelle Sicherheitsmaßnahmen ist äußerst leichtfertig.*

Eine völlige Sicherheit kann auch nicht durch aufwändige technische Einrichtungen garantiert werden. Es ist notwendig, Sicherheitsmaßnahmen angemessen zu positionieren, um die Kosten nicht ins Uferlose wachsen zu lassen.

3.3   Wie bewertet man den Stand der Kommunikation?

Es ist sinnvoll, den Ist-Zustand der Kommunikation in einem Unternehmen in Bezug auf das maximal Erreichbare zu bewerten. Die unternehmerischen Ziele wie auch ihre Ableitung sind unternehmensspezifisch; daher kann das nachfolgend ausgeführte Schema nur als Beispiel verwendet werden. Die genannten Prozentzahlen sind grob geschätzt und sollen nur ein Gefühl für die Position des Unternehmens bei den einzelnen Zielen aufzeigen (Tabelle 3.5).

Zielsetzung	Bewertung Ziel 100 %	Beurteilung
Wirtschaftlichkeit / Kosten 1. Beschaffungskosten 2. Betriebskosten 3. Standardisierung	**60%**	1. Niedrige Beschaffungskosten durch hohe Volumina, jedoch zu viele unterschiedliche Geräte 2. Niedrige Betriebskosten durch hohen Grad an Standardisierung 3. Geringe Schulungskosten durch Standardisierung

Zielsetzung	Bewertung Ziel 100 %	Beurteilung
Wirtschaftlichkeit / Produktivität 1. Bedienbarkeit 2. Störungsbeseitigung 3. Ausfallsicherheit 4. Ortsunabhängigkeit	**50%**	1. Übersichtliche Bedienbarkeit 2. Schnelle Störungsbeseitigung durch ein leistungsfähiges Helpdesk 3. Zu hohe Ausfälle durch zu komplexes Netz 4. Kein einheitliches Netz mit gleichen Leistungsmerkmalen für alle Teilnehmer
Kundenorientierung 1. Reaktionszeiten 2. Bearbeitungszeiten 3. Erreichbarkeit	**40%**	1. Zu lange Reaktionszeiten durch nicht ausreichende Benachrichtigung über eingehende Nachrichten 2. Bearbeitungszeiten zu lang durch Medienbrüche 3. Hohe Erreichbarkeit durch variable und abgestufte Geräte
Sicherheit 1. Störungen von außen (wie Viren) 2. Störungen von innen (wie Sabotage, Fehler bei der Bedienung, Leichtfertigkeit) 3. Ausfallsicherheit	**30%**	1. Sicherung durch den Einsatz von Firewalls und Virenprogrammen; ständige Aktualisierung 2. Keine ausreichende Schulung; keine regelmäßige Überprüfung der Sicherheit durch Audits 3. Keine ausreichende Konzeption der Redundanz wichtiger Komponenten

Tabelle 3.5: Erfüllungsgrad der Unternehmensziele

4 Wie sicher ist die Kommunikation?

Sicherheit ist generell für ein Unternehmen von großer Bedeutung, ihre Auswirkungen werden jedoch häufig unterschätzt. Es ist für Sie wichtig die potenziellen Gefahren zu erkennen, um die Gefährdungslage Ihres Unternehmens richtig abschätzen zu können.

In diesem Kapitel werden Sie das Spektrum der Gefährdungen kennen lernen. Das ist eine Horrorstory; sie soll Sie anregen, über die Sicherheitsrisiken Ihres Unternehmens mehr nachzudenken.

4.1 Was ist Sicherheit?

Die Sicherheit bezieht sich auf die Behinderung der Geschäftstätigkeit. Diese kann durch die Manipulation von Informationen oder Prozessen und durch den Ausfall der Kommunikation auftreten. Auslöser sind interne oder externe Personen oder technische Einrichtungen (Bild 4.1). Von den technischen Einrichtungen sind diejenigen besonders wichtig, die dem Einfluss des Unternehmens unterliegen.

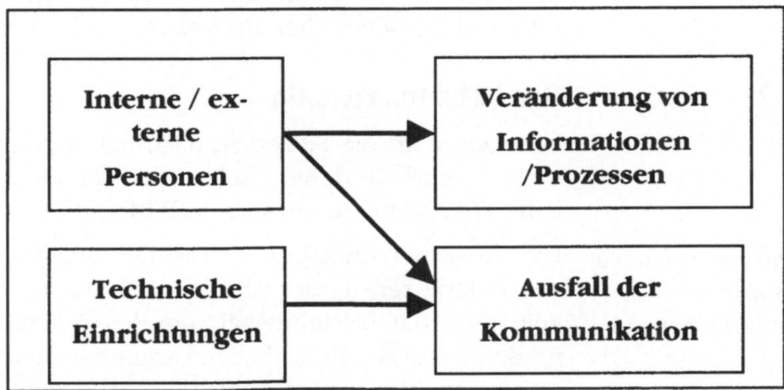

Bild 4.1: Auswirkungen von Störungen

Aspekte der Sicherheit von Informationen

Die Manipulation von Informationen oder Prozessen bezieht sich auf vier verschiedene Aspekte der eindeutigen und störungsfreien Übertragung und Speicherung von Informationen:

> *Integrität*: Beschreibt die Unversehrtheit und Korrektheit der Daten

> *Vertraulichkeit*: Bedeutet, dass kein Dritter Zugriff auf die Information hat

> *Authentisierung*: Es ist sichergestellt, dass der Absender mit einer bestimmten Person identisch ist

> *Verfügbarkeit*: Bedeutet die technische Nutzbarkeit von Einrichtungen der Kommunikation

Es ist außerordentlich schwierig, die *Gefährdungslage* eines Unternehmens richtig einzuschätzen. Stellen Sie sich vor, dass Sie Ihr Auto auch nach Gesichtspunkten der Sicherheit kaufen wollen, wobei Ihnen eine begrenzte Menge an Geld zur Verfügung steht. Es gilt also abzuwägen, welche Sicherheitsaspekte berücksichtigt werden sollen. Wie wollen Sie aber einzelne Sicherheitsmerkmale bewerten? Wissen Sie, wie oft Sie welche Art von Unfällen haben werden und wie hoch die entstehenden Folgekosten z.B. durch Arbeitsausfall oder durch die medizinische Versorgung sein werden?

Ähnlich, nur viele komplexer, ist es in einem Unternehmen; auch hier kann man nur Wahrscheinlichkeiten abschätzen, welche technischen Ausfälle passieren, welche Personen Interesse daran haben werden, von außerhalb in Ihr Unternehmen einzudringen oder welche Mitarbeiter aus Verärgerung Sabotage betreiben.

4.2   Das Gefahrenszenario

Unterteilt man die Sicherheit nach internen und externen Verursachern wird sie durch die Technik, die Menschen und mangelhafte Organisationen bestimmt (Bild 4.2).

Die Technik bietet immer mehr Angriffsflächen

Die der Kommunikation zu Grunde liegende Technik wird immer komplexer, da der Grad der Vernetzung, die Leistungsfähigkeit sowie das Leistungsspektrum der einzelnen Produkte immer größer werden. Die sich dem Angreifer bietende Angriffsfläche sowie das Störungspotenzial der Geräte selbst wachsen mit dieser Komplexität.

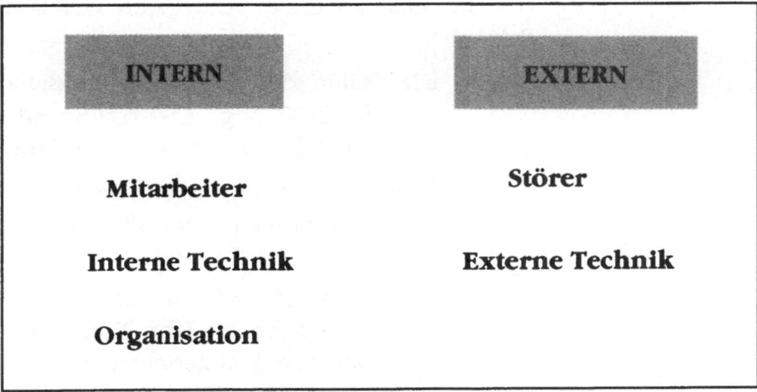

Bild 4.2: Quellen der Gefährdung der Sicherheit

Seit der Einführung des Internets ist eine technische Platt-
form geschaffen worden, die es einem IT-Benutzer in Ta-
bago oder sonst wo in der Welt ermöglicht, beliebigen Nut-
zern von Computern Schaden zuzufügen. Die Motivation
kann ein kriminelles Vorhaben oder lediglich Spieltrieb
sein. Der Verursacher muss keine besonderen IT-
Kenntnisse besitzen, da er sich Werkzeuge im Internet be-
sorgen kann.

Die Öffnung der
Unternehmens-
netze erfordert
Sicherheitsmaß-
nahmen

Jedes Unternehmen, das seine Netze nach außen öffnet um
E-Mail oder Internet zu nutzen, bietet damit weltweit im Netz a-
gierenden Personen große Möglichkeiten, Angriffe zu starten.

Das Potenzial an Störungen ist hoch. Verursacher sind
sowohl externe Personen als auch Mitarbeiter. Die Zahl
absichtlich durchgeführter Sicherheitsattacken steigt trotz
des bereits hohen Niveaus jährlich um den Faktor 2.

Angreifer haben ein geringes Risiko, da es schwer ist, sie zu
identifizieren. Es fehlen auch oft rechtliche Möglichkeiten,
entsprechende Angriffe zu ahnden und damit eine Abschreckung
zu erreichen.

Um das Ausmaß dieser Aktivitäten klar zu machen, hier einige Fakten:

> Die Hälfte der deutschen Großunternehmen meldeten im Jahr 2002 sog. *Cybercrime Attacken*. Damit belegt Deutschland den ersten Platz in Europa!

> Eine Untersuchung ergab, dass die Hälfte der geschädigten Unternehmen mehr als 5 mal Ziel von Hackern waren.

> Die *Hacker Angriffe* in den USA haben nach verschiedenen Angaben im Jahr 2000 einen Schaden von rund 265 Millionen $ angerichtet. Diese Summe erhöhte sich in 2001 auf 380 Millionen $. Die Zahl der Attacken erhöhten sich dabei um rund 150%.

Der Schaden durch Angriffe ist immens

Alle bekannten Angaben beruhen auf Schätzungen, da viele Unternehmen aus Gründen ihres Renommees keine Angaben über Schäden machen. Überraschend dabei ist, dass rund 40% der Angriffe zielgerichtet waren, d.h. ein bestimmtes Unternehmen treffen sollten. Davon sind wiederum 75% *Industriespionage* und betreffen in der Regel das Aushorchen von Preisinformationen.

Der Ausblick auf die zukünftige Entwicklung ist nicht geeignet, sich in Sicherheit zu wiegen (Bild 4.3).

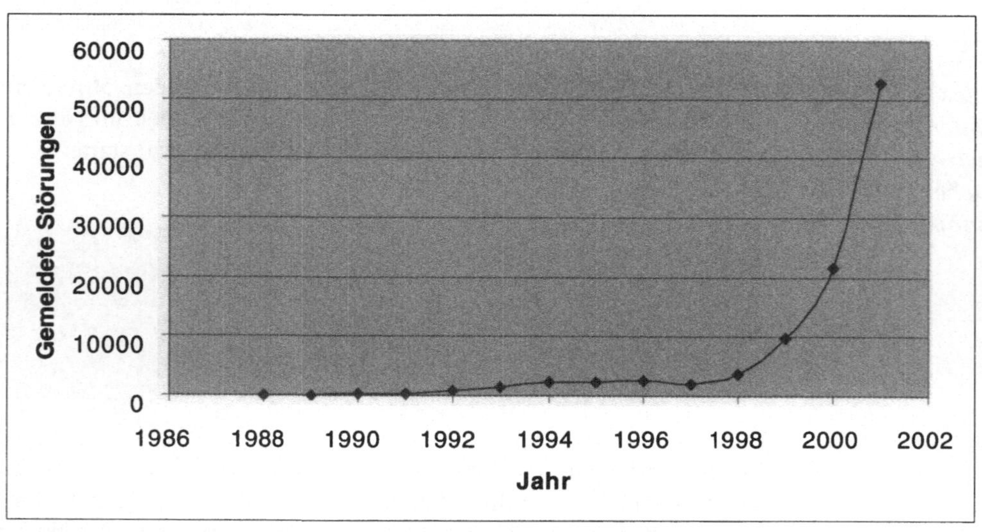

Bild 4.3: Gemeldete IT - Sicherheitsstörungen durch Angriffe (Quelle CERT/CC)

Dafür gibt es leider verschiedene Gründe:

> ➤ Der Umfang der Kommunikation im Zusammenhang mit geschäftlicher Tätigkeit wie auch die Komplexität der verwendeten Produkte nehmen ständig zu.

> ➤ Die für den Betrieb der Kommunikation erforderliche Software wird immer komplexer, unterliegt immer schnelleren Veränderungen und hat daher immer neue Schwachstellen. Diese werden über das Internet rasch verbreitet

Gezielte Angriffe nehmen zu

Dabei sind neben der Zunahme an Störungen auch andere Entwicklungen zu erkennen, da Angriffe immer weniger nur gelegentlich und zufällig erfolgen; die gezielten Attacken nehmen zu:

> ➤ Angriffe betreffen richten sich nicht nur gegen die Informationsverarbeitung, sondern auch gegen die Produkte der Nachrichtentechnik.

> ➤ Die Zugriffsmethoden werden immer komplexer und werden teilweise zu gleicher Zeit von verschiedenen Computern durchgeführt, die ohne Kenntnis der Eigentümer modifiziert wurden (*Distributed Attacks*). Damit ist in der Regel auch ein installierter Firewall überfordert.

> ➤ Schädliche Programme werden „häppchenweise" in die IT-Systeme eingeschleust. Dadurch können sie schwerer entlarvt werden. Sie treten erst in Aktion, wenn der gesamte Code vorhanden ist.

> ➤ Es gibt erste Angriffe auf Mobilfunkendgeräte, insbesondere auf PDA basierenden Produkten.

Es ist interessant zu wissen, dass die USA ein weltweites Netz zum Abhören aller Nachrichten betreibt. Die Organisation *NSA National Security Agency* betreibt rund um den Globus riesige Abhöranlagen und Satelliten, um die gesamte Kommunikation zu erfassen. Stündlich werden ca. 2 Millionen Telefonate und e-Mails abgehört und gespeichert. Allein im Hauptquartier Maryland arbeiten dafür 20 000 Mitarbeiter an der Analyse dieses immensen Verkehrsaufkommens. Informationen werden in einer riesigen Datenbank gespeichert. Die NSA verfügt über ein Budget, das ein Vielfaches vom dem des CIA beträgt.[1] Nationale Datenschutzbestimmungen werden dabei ignoriert.

---

[1] O.Schröm,D.Laabs:Tödliche Fehler, Aufbau Verlag

4.3   Sicherheit im Unternehmen

Sicherheit in einem Unternehmen ist eine schwer abzuschätzende Größe, weil eine Vorstellung potenzieller Gefährdungen und ihrer Auswirkungen schwierig ist. Durch die Zunahme der Komplexität technischer Einrichtungen für die Kommunikation überfordert das Thema die verantwortlichen Manager.

> *Das Thema Sicherheit hat eine große und noch weiter wachsende Bedeutung für moderne Unternehmen, deren Existenz heute von der Funktionsfähigkeit und Verfügbarkeit der Informations- und Kommunikationstechnologie abhängt. Sicherheit ist daher Chefsache; sie wird jedoch häufig erst ernst genommen, wenn ein Schaden entstanden ist. Wichtig ist eine konsequente Sicherheitspolitik, die auf interne und externe Störquellen ausgerichtet ist.*

Sicherheit ist nicht allein ein technisches Problem

Sicherheit ist aber auch eine Angelegenheit aller Beschäftigten und spielt sich auf allen Ebenen des Unternehmens ab. Das Management und die Mitarbeiter müssen die Sicherheit leben; es reicht nicht aus, punktuell Maßnahmen zu veranlassen, die dann nur eine begrenzte Wirksamkeit entfalten. Sicherheit muss ein Teil der Unternehmensstrategie sein.

Die Betrachtung der Gefährdungslage und der erforderlichen Maßnahmen muss in verschiedenen Ebenen erfolgen, wobei auch die Interdependenzen zwischen ihnen einbezogen werden müssen (Bild 4.4).

Intern ist nahezu jeder Mitarbeiter bei seiner Arbeit zunehmend oder vollständig auf die Kommunikationstechnologie angewiesen; damit wachsen auch die Anforderungen an den Einzelnen. Viele sind diesen Anforderungen nicht gewachsen und verursachen Störungen. Darüber hinaus bietet die sensible technische Umgebung einem frustrierten oder vom Spieltrieb motivierten Mitarbeiter viele Möglichkeiten, Störungen zu verursachen.

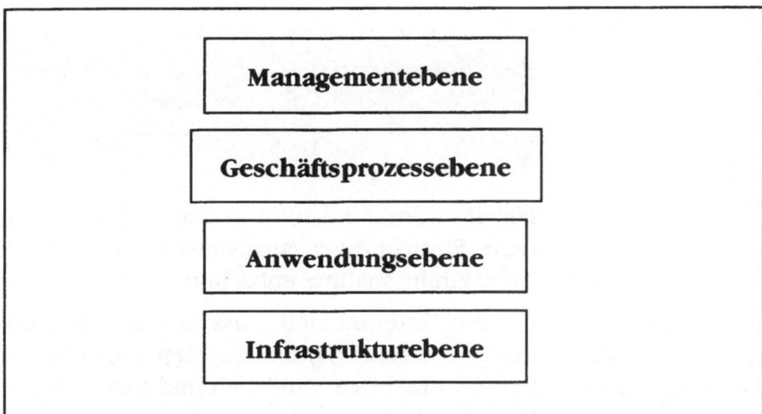

Bild : 4.4 Sicherheitsrelevante Ebenen im Unternehmen

Es ist ein Fehler zu glauben, dass die Verursacher nur außerhalb des Unternehmens sitzen. Nach einer Studie der International Data Corporation IDC haben 90% aller Verstöße gegen die IT- Sicherheit interne personelle, organisatorische oder technische Ursachen.

Mitarbeiter verursachen einen Großteil der Probleme

Sicherheitsrisiken ergeben sich auch aus verschiedenen Schwachstellen der Übertragung. Unterschiedliche Quellen sprechen davon, dass 45 % der Angriffe innerhalb von internen Netzen erfolgen. Die Gründe sind persönlicher Art: Bereicherung durch *Industriespionage*, Racheakte oder einfach nur Neugier. Dabei müssen die Mitarbeiter nicht unbedingt selbst tätig sein, sondern können auch durch die Weitergabe von Insiderwissen anderen die Möglichkeit zu erfolgreichen Attacken geben.

Die externen Attacken erfolgen zu 85 % über das Internet und zu 15 % über die Telefonanlage:

> Eindringen und Abhören von Datennetzen beispielsweise durch separate Zugänge

> Eindringen und Abhören von Telefon-Festnetzen

> Eindringen und Abhören von Telefon-Mobilfunknetzen

> Abhören von firmeninternen Funknetzen

> Abhören der Datenübertragung von Laptops besonders durch das Einrichten illegaler Zugriffspunkte

> *Da Informations- und Kommunikationstechnologie immer mehr zusammenwachsen, sind die Sicherheitsaspekte beider untrennbar miteinander verbunden.*

Für die Kommunikation ist man auf interne und auch oft auf externe Einrichtungen angewiesen, wobei sich die letzteren meist jeder Einflussnahme entziehen.

Das richtige Einschätzen der Gefährdungslage ist wichtig

Für ein Unternehmen muss grundsätzlich überlegt werden, wie man die eigene *Gefährdungslage* einschätzt und welchen Sicherheitsstandard man erreichen und halten will. Da Sicherheit in der Kommunikation

➢ sehr aufwändig sein kann

➢ die Kosten nicht unbedingt einmalig sondern auch laufend anfallen können

➢ eine 100% ige Sicherheit nicht erreicht werden kann

sollte man sich diesem Thema mit ausreichender Aufmerksamkeit widmen.

Sicherheit kostet Geld. Teil der Strategie muss es daher sein, die erforderlichen Finanzmittel zur Verfügung zu stellen. Die Kosten für eine zufrieden stellende Sicherheitsausstattung sind relativ hoch, sie werden auf 5-10 % des IuK-Budgets geschätzt.

4.4   Quellen interner Störungen

4.4.1   Brennpunkte der Gefährdung durch Störungen

Es gibt im Zusammenhang mit unternehmerischer Tätigkeit eine Zahl unterschiedlicher *Gefährdungspunkte* (Bild 4.5).

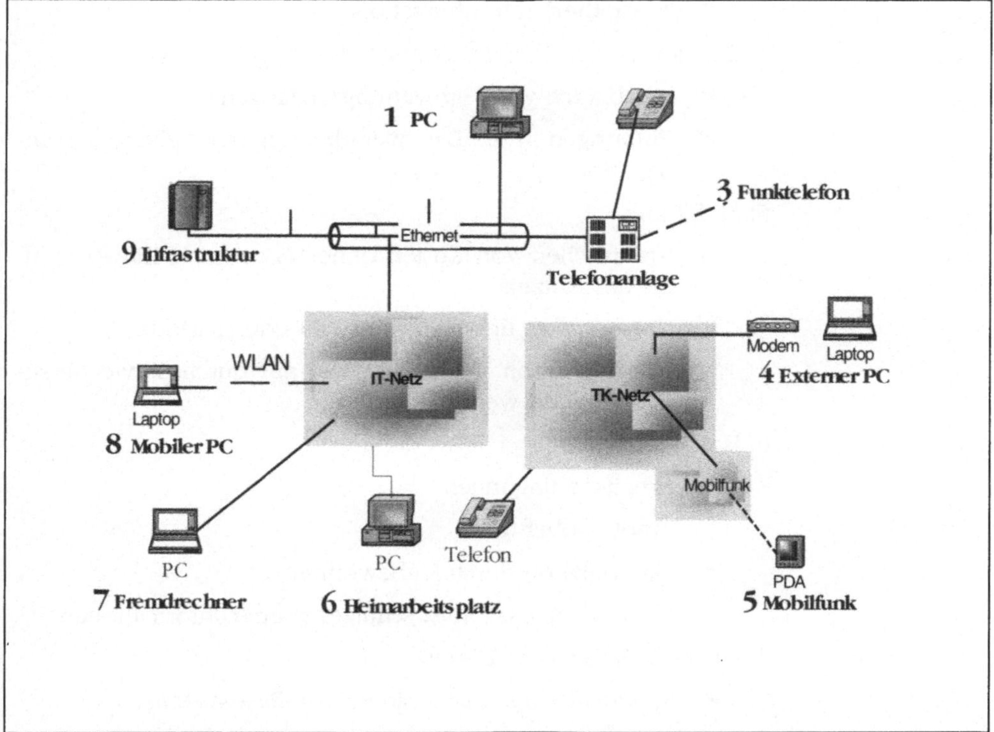

Bild 4.5: Brennpunkte der Sicherheit in einem Unternehmen

Beispiele für die jeweiligen Gefährdungen:

1. Der Nutzer am PC im Büro

> ➢ Fehlbedienung
>
> ➢ Weitergabe vertraulicher Passworte
>
> ➢ Aufrufen von verseuchten E-Mails
>
> ➢ Einspielen von verseuchten CDs

2. Telefonbenutzung im Büro

> ➤ Missbräuchliche Verwendung von Passworten bei Voice-Mail, wodurch Nachrichten abgehört werden und somit die Vertraulichkeit unterlaufen wird

3. Abhören von Funknetzen in Unternehmen

> ➤ Nutung von Firmennetzen durch Dritte
>
> ➤ Ausspähen von Informationen

4. Einwahl Dritter über Telefonnetz durch PC

> ➤ Missbrauch von Fernwartungszugängen
>
> ➤ Eindringen in die Datenverarbeitung bei vorhandener Integration

5. Mobilfunk

> ➤ Verursachen von Kosten ohne Wissen und Einverständnis des Nutzers
>
> ➤ Nutzung von firmeneigenen VPNs durch Dritte
>
> ➤ Störungen von Endgeräten, die nur durch Servicepersonal behoben werden können

6. Heimarbeitsplatz

> ➤ Arbeitsbedingungen
>
> ➤ Zutritt Unbefugter
>
> ➤ Manipulation durch Mitbewohner
>
> ➤ Vertraulichkeitsverlust schützenswerter Informationen

7. Einwahl Dritter über IT-Netz

> ➤ Systematisches Ausprobieren von Passwörtern
>
> ➤ Einschleusen von Viren u.a.
>
> ➤ Nutzung von Sicherheitslücken

8. Mobiler PC (Laptop)

> ➤ Abhören einer WLAN Verbindung durch Dritte
>
> ➤ Unerlaubtes Einspielen von Software
>
> ➤ Diebstahl

9. Infrastruktur

> ➤ Nicht berechtigter Zutritt zu den Büroräumen
>
> ➤ Nicht gesicherter Zutritt zu Räumen der technischen Infrastruktur

> Fehler beim Administrieren

> Mangelhafte Anpassung bei Veränderungen

> Fehler beim Einrichten und Ändern

> Fehler durch missbräuchliche Verwendung von Passwörtern

> Vernachlässigte Aktualisierung von Betriebssystemen der Geräte

4.4.2   Interne Störquellen

Interne Störquellen sind die Mitarbeiter sowie technische und organisatorische Schwachstellen.

Die Ursachen von Störungen durch Mitarbeiter sind bestimmt durch Vorsatz oder menschliches Fehlverhalten:

Es gibt viele Gründe für menschliches Fehlverhalten

> Nachlässiger Umgang mit Sicherheitsbestimmungen z.B. Passwörtern

> Keine ausreichende Verschwiegenheit gegenüber Dritten

> Spieltrieb

> Keine Vorstellungen über die Auswirkungen von sicherheitsrelevanten Aktivitäten

> Verärgerung über Vorgesetzte oder Kollegen

> Falsche Bedienung von Produkten

> Nachlässigkeit bei der Verwendung von *Passworten* bei Dritten wie von Wartungspersonal; hier werden häufig die bei Lieferung eingestellten Standard-Passworte weiterverwendet

> Einsatz von nicht autorisierten PDAs, die über die Synchronisierung mit dem PC Fehler übertragen können

> Illegaler Aufbau von externen Schnittstellen für den PC

Ursachen der Gefährdung durch *interne technische Schwachstellen* sind:

Die Qualität der technischen Einrichtungen ist für die Sicherheit wichtig

> Die Qualität der eingesetzten Produkte und Systeme. Das betrifft insbesondere die Software, die durch schnelle Entwicklungszyklen immer wieder Sicherheitsmängel aufweist.

> Die zunehmende Integration der Informations- mit der Kommunikationstechnik, da die vielfältigen Angriffsmög-

lichkeiten bei der Informationstechnologie auf die Kommunikation durchschlagen.

➢ Unzureichende Auswahl und Implementation von Produkten zur Sicherung der Kommunikation wie z.B. Firewall Systemen

➢ Mangelhafte Aktualität der eingesetzten Sicherheitssoftware

➢ Unzureichende Dokumentation

➢ Technische Einrichtungen sind nicht ausreichend abgesichert. Das trifft beispielsweise auf Kommunikationssysteme zu, die deswegen zunehmend von Hackern angewählt werden. Durch die interne Verknüpfung mit den DV-Systemen wird dadurch der Zugang zu Dateien ermöglicht.

Der Zugang zum Kommunikationssystem ist häufig nicht gesichert

Firmen übersehen sehr häufig, dass neben den im Fokus der Sicherheit stehenden Datennetzen auch die Telefon-Festnetze ein Einfallstor zur Schädigung des Unternehmens sind. Für diese Anlagen existieren Zugänge, über die Wartungs- oder Verwaltungsaufgaben extern durchgeführt werden können. Diese Zugänge sind durch Passworte geschützt, wobei häufig das vom Hersteller voreingestellte Passwort beibehalten wird. Die Sicherheitsaspekte werden hier meist nicht als kritisch angesehen, da dieser Bereich meistens von der Informationsverarbeitung organisatorisch getrennt ist.

Eine äußerst kritische Sicherheitslücke sind externe *illegale Zugänge*, die außerhalb der zentralen Kommunikationssysteme häufig ohne Kenntnis der verantwortlichen Abteilungen angelegt werden. Hier können dann über verwendete Modems Einfallstore für Hacker geschaffen werden. Störungen können im einfachsten Fall zur Fremdbenutzung bei dieser Anlage führen, wobei Gespräche abgehört oder auf Kosten des Unternehmens telefoniert werden kann.

Die tatsächlichen Gefahren werden jedoch immer größer. Durch integrierte Anwendungen wie ACD oder Unified Messaging Systeme und die Zusammenlegung der Daten- und Sprachnetze mit Voice-over-IP sind dann auch die Sicherheitsprobleme integriert.

Die Verwendung eines internen *Funknetzes* für das Telefonieren ermöglicht das Abhören von Telefongesprächen. Die Funkzelle hat meistens eine Ausdehnung von 100-500 m und wird damit vielleicht über die Grundstückgrenze hinausgehen. Der Einsatz der heute angebotenen Verschlüsselungsverfahren erfolgt unzureichend, daher sind Angriffe möglich.

Große *Sicherheitsprobleme bestehen bei den WLANS*, bei denen über relativ kurze Entfernungen per Funk Daten übertragen werden können. Diese Übertragung ist in der Regel auch noch außerhalb von Gebäuden anzapfbar. Nach Ernst&Young IT-Security sind mehr als 50% der WLANs ungeschützt. 11% der Geräte geben Informationen über den Hersteller preis, wobei dann die Standardpassworte bekannt werden.

> *Bei WLANS entsteht eine katastrophale Sicherheitslage, wenn die Produkte nicht sachkundig installiert worden sind.*

WLAN kann hervorragend verwendet werden, um Massenwerbung als Spam abzuschicken. Das kostet den Veranlassenden nichts und der wahre Absender kann nicht identifiziert werden. Die Kosten für das missbrauchte Unternehmen können beträchtlich sein. Dessen eigene Kommunikation kann dadurch beeinträchtigt werden, weil dieses Unternehmen ggf. an den Pranger gestellt und seine Adresse möglicherweise gesperrt wird.

Eine Sicherheitsorganisation ist wichtig

Ursachen der Gefährdung durch interne *organisatorische Schwachstellen* sind:

> ➢ Ein fehlendes oder intransparentes *Berechtigungskonzept* (Hauspersonal und fremde Mitarbeiter)
>
> ➢ Keine klaren Verantwortlichkeiten für Berechtigungen
>
> ➢ Fehlende unmittelbare Maßnahmen für das Annullieren von Berechtigungen bei Kündigungen und anderen besonderen Vorkommnissen
>
> ➢ Fehlendes Berichtswesen über aufgetretene Sicherheitsprobleme

> ➤ Fehlende Kenntnis über die Mitarbeiter von Fremdfir-
> men, die Berechtigungen im Unternehmen erhalten ha-
> ben. Dies können beispielsweise Wartungstechniker sein

> ➤ Fehlende laufende Kontrolle der Sicherheit durch ausrei-
> chende und regelmäßige Audits

4.4.3   Störungen der Geschäftsprozesse durch technische Ausfälle

Für die Übertragung von Sprache und Daten wird eine Vielzahl technischer Komponenten benötigt, die alle ausfallen können. Für die *Ausfallsicherheit* der Übertragung ist jedoch wichtig, welche Bedeutung die ausgefallenen Komponenten hinsichtlich des gesamten Systems haben. Da dieser Problemkreis sehr umfassend und eng verzahnt mit der Informationstechnologie zu sehen ist, wird er hier nur angedeutet.

Die technischen Probleme treten auf durch

Technische Ausfälle müssen durch systematische Analysen reduziert werden

> ➤ Probleme mit aktiven Komponenten
>> o Softwarefehler
>> o Hardware Fehler
>> o Überlastung
>> o Fehldimensionierung
>> o Fehlende Redundanz
>> o Fehlpositionierung
>> o Kompatibilitätsprobleme
>> o Unzureichende Klimatisierung

> ➤ Probleme mit passiver Infrastruktur
>> o Art und Ausführung der Verkabelung
>> o Installationsausführung der Verteilerschränke
>> o Ordnungsgemäße Erdung der Schranksysteme
>> o Ordnungsgemäße Klimatisierung

> ➤ Stromausfall und/oder Stromschwankungen und Strom-
> spitzen

Auch die passiven Elemente haben eine große Bedeutung für das Funktionieren des Gesamtsystems. Die wesentlichen Komponenten wie Kabel oder Verteilerschränke müssen nach bestimmten organisatorischen und technischen Ordnungsprinzipien strukturiert werden.

4.5   Gefährdung der Sicherheit durch externe Ursachen

Glauben sie nicht, dass Ihre Organisation für Dritte uninteressant ist. Es werden durch Computerprogramme die Netze nach offenen Zugängen mit hoher Frequenz abgetastet; ist ein solcher Zugang gefunden, dann kann man ohne Ansehen der betroffenen Organisation Störungen verursachen. Die Ursachen müssen nach personellen und technischen Gesichtspunkten unterschieden werden.

4.5.1   Personen als Sicherheitsrisiko

Die Ursachen von Störungen durch externe Personen sind bedingt durch

> ➤ eine zunehmende Zahl von Störern verschiedener Couleur

> ➤ zunehmende Verbreitung von Werkzeugen zum Erstellen von Virenprogrammen im Internet

> ➤ eine relativ konstant bleibende Zahl von Sicherheitslöchern bei der eingesetzten Software

> ➤ unzureichende Sicherheitsmaßnahmen bei Unternehmen oder Organisationen

Die generelle Bedrohung der Sicherheit durch externe Ursachen nimmt dramatisch zu !

Die Zahl der externen Störer ist Legion

Störer sind nach der Art ihres Vorgehens unterschiedlich zu beurteilen:

> ➤ *Hacker* oder besser Cracker, die sich auf Grund ihrer intimen Kenntnisse der Datenverarbeitung Viren ausdenken und damit Computersysteme schwer schädigen können. Das Risiko der Verursacher ist in der Regel nicht sehr hoch, da sie nur schwer entdeckt werden können und ihr Handeln in dem betreffenden Land oft nicht strafbar ist. Hacker arbeiten häufig gezielt und haben Motive für ihr Vorgehen. Sie greifen häufig Websites an oder verwenden DoS (Denial of Service) Angriffe (s. Tabelle 4.3).

Das Internet versorgt Störer mit Werkzeugen

> *Scipt-Kiddies* sind die größte Gruppe von Störern; es sind Personen, die nur Unfug anstellen wollen, ohne sich Gedanken über die möglichen Folgen zu machen. Sie richten einen erheblichen Schaden an, der vom Erzeugen von Viren bis zum DoS reicht. Werkzeuge erhalten sie durch das Internet.

> *Kriminelle* stehlen Kreditkartennummern oder erpressen bestimmte Organisationen. Sie arbeiten häufig mit Personen zusammen, die interne Kenntnisse über das Zielobjekt haben. Sie sind über die Ländergrenzen hinweg tätig. Die Strafverfolgung ist schwierig, da es wenige internationalen Gesetze gibt und die grenzüberschreitende Kooperation auf diesem Gebiet sehr jung ist. Der tatsächliche angerichtete Schaden ist schwer greifbar, da geschädigte Firmen, wie z.B. Banken, solche Vorkommnisse verschweigen.

Spammer verstopfen Leitungen und Briefkästen

> *Spammer* sind Angreifer, die meist Werbematerialien oder sonstige unaufgeforderte Inhalte in großem Umfang versenden. Damit entsteht zwar kein Schaden an Programmen oder Dateien, jedoch wird die Produktivität der Mitarbeiter und der Infrastruktur reduziert. Nach Angaben der Meta Group sind 20% der Mails in deutschen Firmen Spams. Die Firma Marktagent.com schätzt, dass im deutschsprachigem Raum 500 Millionen Spams pro Woche versendet werden. Adresslisten kann man für wenig Geld im Internet kaufen. Bei E-Mail weisen lt. der amerikanischen Wettbewerbsbehörde FTC ein Drittel aller Werbemails Indizien für Betrugsvorgehen auf. Ähnliches entwickelt sich zunehmend mit gebührenpflichtigen Fax-Abrufdiensten.

Sniffer hören Funkverkehr ab

> *Sniffer* verwenden Software zur Analyse von Netzen und hören den Netzverkehr oder Funkstrecken ab. Es werden die übermittelten Informationen dargestellt.

War Driver nutzen fremde Netze

> *War Driver* fahren mit einem Laptop und einer Funkkarte durch die Gegend und verbinden sich mit ungeschützten WLAN Netzen. Damit können sie auf Kosten eines Dritten Datenverkehr verursachen oder nach Denial of Service (DoS) Manier die Effizienz von Netzwerken stark herabsetzen.

4.5.2   Störmethoden

Die Vielfalt und die Komplexität von Störprogrammen nimmt beträchtlich zu; besondere Kenntnisse zum Stören sind kaum noch erforderlich, da im Internet leistungsfähige Werkzeuge bereitgestellt werden (Bild 4.6).

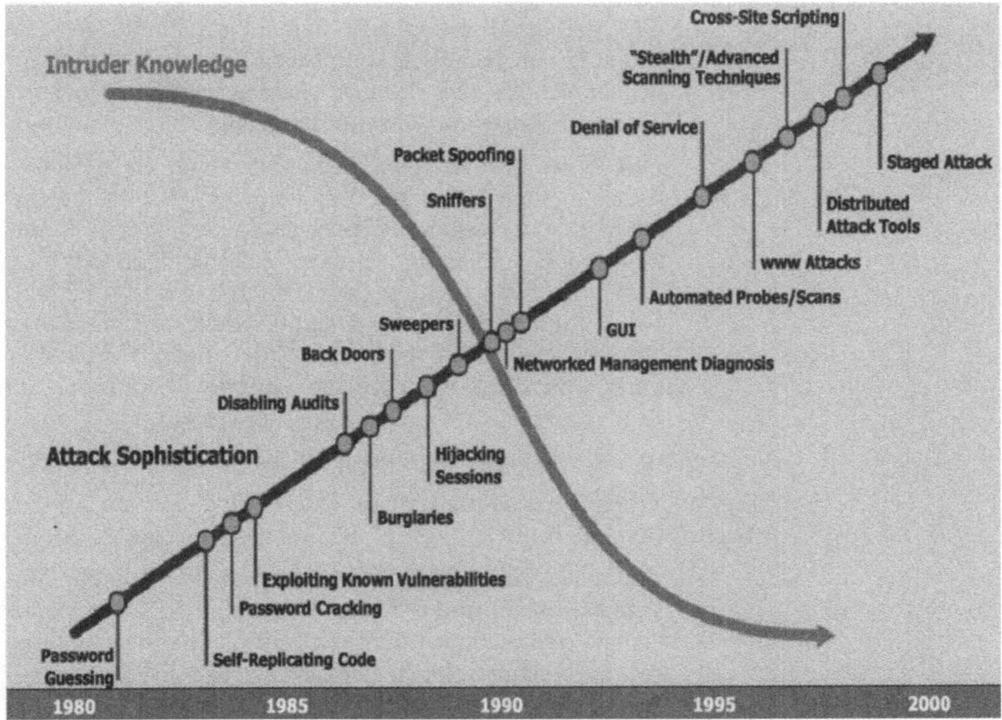

Es gibt bei dieser Entwicklung besondere Marksteine:

> Das Erkennen von Passwörtern kann durch Programme wie *LOphtcrack* erreicht werden. Hierbei wird das mit dem öffentlich verfügbaren HASH Verfahren verschlüsselte Passwort kopiert und dann mit einem Wörterbuch solange verglichen, bis ein passendes Wort mit dem gleichen Verschlüsselungsergebnis (*HASH-Wert*) gefunden wird.

Ein Beispiel: Für Heino01 (für Heinos Passwort im Januar) benötigt man 5-7 Minuten, für Sch7Z (Schweewittchen und die sieben Zwerge) wurden 18 Stunden benötigt. Basis war ein Arbeitsplatzrechner mit 1,6 Ghz Prozessor und einer Software „Claymore Brute force".

> Türöffnerprogramme, *Back Doors* genannt, werden eingeschleust und bauen von innen eine Verbindung auf, die dann den Datenverkehr ungehindert von Firewalls ermöglicht.

> *GUI* sind grafische Oberflächen, deren Einführung die Nutzung von technisch komplexen Programmen wesentlich erleichtert und dadurch einen Angriff auch mit geringem technischen Wissen ermöglicht.

> *Distributed Attack Tools* sind Werkzeuge, die systematisch Zugänge abklopfen, um einzudringen. Im Erfolgsfall wird das weitere Vorgehen von dem Ergebnis des Eindringens abhängig gemacht. Entscheidend ist hier, dass vom dem Rechner des Angegriffenen aus schädliche Aktionen gestartet werden können, für die dieser dann verantwortlich gemacht werden kann. Deren Wirkung wird durch gleichzeitige Angriffe vieler Instanzen des Programms auf ein einziges Ziel verstärkt.

Die Methoden der Störung unterscheiden sich durch die Art des Angriffs (Tabelle 4.1):

> „Indirekte Angriffe" sind gekennzeichnet durch ihre Transportmittel und eine Nutzlast. Dabei wird ein schädlicher Code erzeugt (*Malware* oder Malicous Mobile Code) und eingeschleust, der auf einen gezielten Angriff ausgerichtet ist. Er kann direkt z.B. als Teil eines verseuchten Programms, durch das Überspielen von CDs oder von Spielen übertragen werden.

> „Direkte Angriffe" beeinträchtigen die Funktionsfähigkeit von Computern beispielsweise durch das Verstopfen der Zugänge oder richten Schaden durch das unbemerkte Installieren von Programmen an.

> Virtuelle Viren sind „Enten", die eine gefährliche Situation am PC vorgaukeln.

Transportwege	Indirekte Angriffe		Direkte Angriffe
	Transportmittel	Nutzlast	
E-Mail WWW Wechsel Medien wie CD	Viren Trojanische Pferde Würmer	Schädlicher Code (Malicious Code)	Spams Back Door Programme Spionage Dialer DoS
Falsche Information	Virtuelle Viren/ Hoaxes	Kein schädlicher Code	

Tabelle 4.1: Unterschiedliche Methoden von Störungen

Die „Indirekten Abgriffe" kommen sehr häufig vor und haben ein enormes Wachstum. Sie wirken sehr unterschiedlich (Tabelle 4.2).

Transportmittel	Beschreibung
Viren	*Viren* sind Programme, die sich vervielfältigen können. Sie können sich schnell verbreiten und sind schwer zu eliminieren. Die Viren transportieren in der Regel einen schädlichen Code, der ggf. Platten neu formatiert oder Dateien zerstören kann. Sofern er nicht auf diese Schädigungen abzielt, kann er dennoch die Leistung eines Computers herabsetzen. Angriffe mit Viren nehmen immer mehr zu und verursachen auf Grund der immer stärkeren Vernetzung steigende Schäden. Viren können sich lange verbreiten, bevor sie durch irgend eine programmierte Ursache (Datum, Ausführen bestimmter Programme o.ä.) aktiv werden und auffallen. Die meisten Viren werden über E-Mail verbreitet, wobei der Anteil rasant steigt (Lt. ICSA 1999 56 %, im Jahr 2000 bereits 87 %). Sie nutzen häufig die PCs (Clients) als Transportmedium, um mit den dort gespeicherten Adressen den Virus weiterzuschicken. Dem Empfänger ist dann der Absender bekannt, sodass er sorglos (Vertrauensvorschuss!) den verseuchten Anhang einer E-Mail öffnet. Die Folge ist,

Transport-mittel	Beschreibung
	dass seine Daten oder Programme gelöscht werden können. Viren können sich extrem schnell verbreiten. Der berühmte I-Love-You Virus brauchte weniger als 24 Stunden, um sich weltweit zu installieren- und war längst nicht der schnellste und übelste! Für das Erzeugen von Viren benötigt man heute kein umfangreiches Wissen mehr.
Würmer	Würmer sind Programme, die gezielt andere Programme angreifen. Sie können beispielsweise Antivirus Programme deaktivieren. Würmer können ihre Gestalt verändern und sind daher schwer zu identifizieren.
Trojanische Pferde	Sind harmlos aussehende Dateien, die sich als Spionageprogramme etablieren. Sie zielen auf bestimmte Dateien und zeichnen z.B. Tastaturfolgen auf, die dann zum Aufspüren von PIN Nummern oder Passworten führen können. Diese werden dann an den Versender des Trojanischen Pferdes übermittelt. Die entsprechenden Programme werden häufig in Spielen, E-Mail Anhängen oder Bildschirmschonern versteckt.
Hoaxes	„Virtuelle Viren" sind Meldungen über angebliche Viren mit einer entsprechenden Horrormeldung („Formatiert ihre Festplatte neu „o.ä.). Nutzer werden verunsichert und geben die Nachricht weiter, sodass ein Schneeballeffekt entsteht. Es tritt dabei kein direkter Schaden auf, jedoch durch in Inanspruchnahme von personeller und technischer Kapazität werden Einschränkungen der Produktivität verursacht.

Tabelle 4.2: Transportmittel

Die Auswirkungen von direkten Angriffen können eine sehr unterschiedliche Wirkung haben (Tabelle 4.3).

Typ	Beschreibung
Dialer	Im Internet werden verlockende Angebote gemacht, bei denen mit dem Aufruf von Daten oder Programmen ein *Dialer* Programm im Hintergrund des eigenen Rechners installiert wird. Das Angebot kann auch ein Programm zum Entfernen eines gefährlichen Virus oder Ähnliches sein. Die Installation wird kriminell ausgenutzt. Ohne das man es merkt,

Typ	Beschreibung
	wird dann regelmäßig eine kostenpflichtige Service Verbindung z.B. mit dem 0900 oder *0190 Service* in Anspruch genommen, was sich dann gravierend auf der Telefonrechung bemerkbar macht. Die Höhe der Kosten je Verbindung ist jetzt begrenzt. Es ist zwar Vorschrift, dass die Gebühren vorab angegeben werden, hier werden sie jedoch verschwiegen. Es ist sehr aufwändig, bereits installierte Dialer Programme wieder zu entfernen (s. auch www.dialerschutz.de). Die Verursacher sind schwer zu fassen, da die angemeldeten 0190 Betreiber die Nummern teilweise an nicht identifizierbare Firmen weiter vermieten.
Denial of Service DoS	Beim *Denial of Service DoS* wird durch andauernd gezieltes Anwählen vieler Verursacher das Sperren oder Belasten eines IT-Dienstes oder der Resourcen wie Web-Server erreicht. Ein bekanntes Beispiel war das Sperren der Server von Yahoo, was den gesamten Service für 2 Tage blockierte.
Spam Mails	*Spams* sind in der Regel E-Mails, die in sehr großer Zahl unaufgefordert versendet werden und damit den Empfänger von der Arbeit abhalten. Sie können unerwünschte Werbung enthalten. Spams nehmen in einem signifikanten Maße zu!

Tabelle 4.3: Direkte Angriffe

4.5.3   Technik als Sicherheitsrisiko

Ursachen der Gefährdung durch externe *technische Schwachstellen* lassen sich auf drei Quellen zurückführen:

> ➢ Mängel an der eingesetzten Anwendersoftware

> ➢ Fehlende Abwehr durch nicht vorhandene Sicherheitssoftware

> ➢ Schwachstellen der Übertragung

Die heute eingesetzte Software ist primär auf eine umfassende Funktionalität ausgerichtet. Sicherheitsaspekte haben, so hat man den Eindruck, nachrangige Bedeutung. Sicherheitslöcher in der Software entstehen durch die kurzen Entwicklungszyklen und den hohen Komplexitätsgrad der Software.

Um ein Gefühl für die Sicherheitsmängel dieser Produkte zu geben, seien hier bekannte Beispiele von Mängeln aufgelistet:

> ➢ Sicherheitsprobleme beim Übertragen von Nachrichten mit MS Outlook /E-Mail innerhalb interner Netze, wobei eine Verschlüsselung nicht wirksam ist

> ➢ *Sicherheitsmängel* bei MS Windows XP, Schwachstellen des Betriebssystems Windows NT. Ein neueres Beispiel ist LOVSAN (W32 Blaster), der Sicherheitslücken bei den Microsoft Betriebssystemen ausnutzte und zu Rechnerabstürzen führte.

> ➢ Probleme mit AOL Instant Messenger AIM

> ➢ Probleme mit PKI Produkten

> *Es treten konstant Sicherheitslücken bei Software auf. Schwachstellen werden sehr schnell über das Internet verbreitet und für Attacken ausgenutzt.*

Sicherheitssoftware ist vom Prinzip her in der Lage, jeden Angriff zu unterbinden, da der verwendete Algorithmus perfekt ist. Entscheidend sind jedoch die Programmierung und Konfigurierung, die Schwachstellen erzeugen können.

Die Sicherheitssoftware gegen Viren wird ständig aktualisiert. Viren verbreiten sich schnell weltweit; ihre Analyse und das Entwickeln von Gegenmaßnahmen erfordert wenig Zeit nach dem ersten Auftauchen (Garantie bei Trend Micro).

Die Schäden über das Mobilfunknetz sind bisher gering, da die Hersteller der Endgeräte eigene, in sich geschlossene Betriebssysteme haben und die Fortpflanzung der Schäden begrenzt ist. Das wird sich jedoch bei der Verwendung von standardisierten Betriebssystemen wie Windows CE oder gängiger Systemsoftware wie Java oder anderer standardisierter grafischer Benutzeroberflächen verändern. Für standardisierte Software werden Werkzeuge zum Stören zunehmend angeboten und haben leider auch eine herausfordernde Wirkungsbreite. Zunehmend ist festzustellen, dass Spams übertragen werden, die lästig sind; bei einem Auslandaufenthalt können dadurch erhebliche Kosten auftreten. Ebenso ist eine Zunahme von verdeckten 0190 Nummern zu verzeichnen.

5 Anwendungen

Entscheidungen bei Investitionen für die Kommunikation sind durch die Anwendungen geprägt, wobei die Endgeräte die physikalische Schnittstelle bilden.

Auf Grund der komplexen Materie ist es notwendig, dass Sie als Entscheider oder Anwender ein ausreichendes Wissen über die Anwendungen und ihren Nutzen haben. Verlassen Sie sich nicht allein auf irgendwie entstandene und ziellos wuchernde Anforderungskataloge von Mitarbeitern oder allein auf externe Berater. Bei der Bedeutung und Schnelllebigkeit dieser Materie ist es notwendig, die Trends selbst zu kennen.

5.1 Anwendungsszenario

Die Bewertung bei der Planung und Beschaffung von Kommunikationsprodukten umfasst neben den sichtbaren Anwendungen und Endgeräten ein großes Spektrum an unterstützenden Produkten für die Vermittlung und Übertragung sowie die Aspekte der Integration mit der Informationsverarbeitung.

Die Anwendungen und Endgeräte funktionieren auf einer komplexen technischen Technologie, die sich entweder in den Geräten selbst oder in der dahinter liegenden Infrastruktur wieder findet (Tabelle 5.1). In diesem Kapitel werden die anwendungsorientierten Produkte beschrieben. Die Produkte der Infrastruktur s. Kapitel 6.

Die Produkte für die Kommunikation sind in verschiedenen Schichten zu sehen, die teilweise durch standardisierte Schnittstellen abgegrenzt sind.

Je weiter ein Produkt von der Anwendung entfernt ist, umso schwieriger wird es, seine Notwendigkeit ohne weiter gehende technische Kenntnisse zu beurteilen.

		Endgeräte			
Anwendungen / Endgeräte		Telefon Festnetz	PC/Laptop	Mobiltelefon	PDA
		Kommunikationsverfahren			
		Telefonieren	Textmitteilungen	Übertragung von Images	Konferenzen
		Integrierte Anwendungen			
		Unternehmen	Arbeitsplatz	Mobil	In Teams u.a.
Produkte Infrastruktur		**Infrastruktur intern**			
		Übertragung			
		Managementsysteme			
		Sicherheit			

Tabelle 5.1: Struktur der Produkte für die Kommunikation mit dem Schwerpunkt Anwendungen

Die beschriebenen Anwendungen umfassen firmenintern betriebene Produkte und Systeme sowie die von Mobilfunk- und Telefon-Netzbetreibern.

Produkte im Unternehmen

Es ist die Zielsetzung eines jeden Unternehmers, bei der Beschaffung nicht von dem bisherigen Lieferanten abhängig zu sein, um zwischen vergleichbaren Produkten entscheiden zu können. Bei der heutigen Technologie ist das nur teilweise möglich, da Standards nur ein begrenztes Spektrum abdecken. In starkem Umfang wirken *Industriestandards*, wozu Betriebssysteme von Microsoft rechnen. Es ist angebracht, sich von dem jeweiligen Anbieter die firmenspezifischen Merkmale wie Protokolle und Schnittstellen darstellen zu lassen.

Systeme der Kommunikation sind immer als eine Einheit zu sehen. Der Austausch einzelner Bestandteile wie der Endgeräte ist selten möglich, da die Integration verschiedener Komponenten mit firmeninternen Schnittstellen relativ groß ist.

*Produkte des
Mobilfunks*

Die Anwendungen im *Mobilfunk* verteilen sich auf verschiedene Produktspektren und Anbieter:

> Die sog. *Operator* stellen das Netz und den Zugang zur Verfügung. Beispiele sind T-Mobile und Vodafone.

> Die *Service Provider* stellen die Dienste wie den Zugriff auf das Internet zur Verfügung. Ein Beispiel ist debitel.

> Die *Content Provider* steuern die Inhalte bei. Beispiel: Bertelsmann oder ZDF. Für Inhalte können Kosten auftreten.

Die technische Infrastruktur wird dabei dem Anwender zur Verfügung gestellt.

*Produkte von
Netzbetreibern*

Der Vorteil von sog. *Mehrwertdiensten* bei *Netzbetreibern/ Service Providern* ist, dass

> sie sehr kurze Installationszeiten haben,

> keine Investitionen von Seiten des Kunden erforderlich sind. Es können jedoch wegen der Datenübertragung ggf. Probleme mit Firewalls auftreten,

> sie sehr kurze Kündigungszeiten haben können,

> sie wirtschaftliche Lösungen bieten.

Die Leistungsfähigkeit von Produkten wächst in einem schnellen Tempo. Dementsprechend sind die Lebenszyklen der Produkte sehr kurz. Die Steigerung der Leistungsfähigkeit hat verschiedene Fassetten:

Die Überforderung der Anwender

> Für den Anwender ist die Steigerung der Leistung mit einer Zunahme der Funktionalität verbunden. Dies führt zu einer zunehmenden Diskrepanz zwischen dem, was der Nutzer braucht und dem, was angeboten wird. Es gibt Tendenzen, einige der Anwendungen zu vereinfachen; das wird jedoch konterkariert durch die Zunahme von Funktionen. Es ist ein genereller Mangel der Hersteller, diesem Gesichtspunkt zu wenig Beachtung zu schenken. Sie als Anwender müssen darauf achten, das die Produkte die Benutzer nicht überfordern!

> Das schnelle Entwicklungstempo führt auch dazu, dass die Benutzeroberflächen der Produkte sich verändern; insbesondere trifft das auf diejenigen Produkte zu, die den Bildschirm als Oberfläche verwenden. Hier wird der Nutzer zu oft gefordert, sich an neue Darstellungen zu

gewöhnen und wird dabei teilweise überfordert. Fehler sind hier vorprogrammiert.

> Es gibt immer wieder Produkte, bei denen mangels einer Standardisierung oder durch Alleinstellungsmerkmale des Lieferanten Probleme bei dem Einsatz oder Austausch der Geräte auftreten.

Mit dem schnellen Verändern der Leistungsfähigkeit verändert sich auch die Begriffswelt; aus Gründen des Marketings werden ständig neue Begriffe für Produkte kreiert, die die Vergleichbarkeit ähnlicher Leistungsangebote erschweren. Es ist wichtig, präzise Anforderungskataloge zu erstellen.

5.2   Endgeräte

5.2.1   Kommunikation am Arbeitsplatz

Die Leistungsfähigkeit liegt in den Kommunikationssystemen

Konventionelle Telefone unterscheiden sich durch das Design, die unterschiedliche Bedienbarkeit und durch die Anschlusstechnik. Sie haben kaum eine eigene Funktionalität. Die Leistung wird von den Kommunikationssystemen zur Verfügung gestellt. Sie wird nicht ausreichend genutzt. Das liegt einerseits daran, dass dem Anwender die Funktionalität des Kommunikationssystems nicht präsent ist. Andererseits ist auch das Bedienen einer gewählten Funktion nicht geläufig. Ein Beispiel hierfür ist die Dreierkonferenz, die praktisch im Leistungsumfang einer jeden Telefonanlage vorhanden ist. Die Wenigsten denken bei einem Gespräch daran, dass das Zuschalten eines Dritten sinnvoll wäre. Wenn das jedoch der Fall wäre, fehlt die Kenntnis darüber, wie die Funktion *„Dreierkonferenz"* durchzuführen ist. Es ist sicherlich nicht uninteressant, sich einmal die weit über 100 Leistungsmerkmale eines Kommunikationssystems anzusehen; sie sind nicht ohne Grund entwickelt worden und helfen sicherlich, die Kommunikation für bestimmte Aufgaben zu unterstützen.

Neuere Kommunikationssysteme unterstützen die Identifikation des Anrufenden durch:

> Anzeige der Telefonnummer oder (intern) des Namens des Anrufenden.

> Speicherung der Telefonnummern der Anrufe, die während der Abwesenheit erfolgt sind. Sofern der Anrufer identifizierbar ist, was ein ISDN Telefon oder ein Mobilfunktelefon beim Anrufer voraussetzt, kann direkt ein Rückruf eingeleitet werden.

Die Kosten der konventionellen Endgeräte sind gegenüber den neuen IP-Telefonen vergleichsweise niedrig. Sie werden jedoch geprägt durch lieferantenspezifische Leistungsmerkmale, die die Endgeräte verteuern und einen Austausch mit anderen Fabrikaten erschweren.

Die zukünftige Entwicklung wird durch den Anschluss von *IP-Telefonen* an Datenleitungen mehr Leistungen am Arbeitsplatz ermöglichen (Bild 5.1):

> ➢ Farbdisplays

> ➢ Berührungssteuerung (Touch Screen)

> ➢ Eingebaute Kamera

> ➢ Programmierbare Tasten (Softkeys)

Bild 5.1: IP- basiertes Telefon (CISCO)

Die Leistungsfähigkeit dieser Endgeräte ist vergleichbar einem PDA.

Die Installation der Telefonendgeräte erfolgt zunehmend an Datenleitungen auf der Basis der Internetprotokolle.

Drahtlose Telefone setzen sich zunehmend durch:

> ➢ Die Mobilität im Unternehmen wird unterstützt durch Funktelefone mit einem begrenzten Funktionsradius, die in die Nebenstellenanlage integriert sind.

> ➢ CISCO liefert ein schnurloses IP-Telefon, das über WLANS betrieben wird. Der Nachteil ist, dass es nur über Access Points dieses Herstellers betrieben werden kann. Wegen seiner relativ geringen Strahlung kann es für Krankenhäuser oder Forschungseinrichtungen Verwendung finden.

Softphone Leistungsmerkmale erhöhen den Telefonkomfort

PCs sind heute ein wichtiges Kommunikationsgerät. Sie sind in Unternehmen häufig an das lokale Netz angeschlossen und werden als Clients bezeichnet. Sie können verschiedene Ausprägungen haben, die sich durch ihre sog. Intelligenz, d.h. durch ihre lokale Verarbeitungsfähigkeit unterscheiden. Auf die Kommunikation hat der Typ des Clients keine spezielle Auswirkung. Mit „*Softphone*" Funktionen können Leistungsmerkmale des Telefons auf dem Bildschirm aufgerufen und angewendet werden; die Kombination mit einfachen Telefonen setzt jedoch voraus, dass der PC zum Telefonieren immer eingeschaltet ist.

Das Fax ist heute durch die anderen Medien in seiner Bedeutung stark zurückgedrängt worden. Es ist als selbstständiges Gerät, integriert in Telefone oder als Funktion des PCs verfügbar.

5.2.2   Mobile Kommunikation

Die heutige Wettbewerbssituation erfordert eine schnelle Reaktion auf die Ereignisse des Marktes. Das hat zu einer Zunahme von mobilen Geräten geführt, die geschäftliche Aktivitäten unabhängig vom Aufenthaltsort ermöglichen.

Produkte der Informationstechnologie

Die Entwicklung von Produkten der Datenverarbeitung zu mobilen Kommunikationsendgeräten ist geprägt durch geschäftliche Anwendungen, da die Produkte relativ teuer sind.

Notebooks oder *Laptops* haben einen dem PC vergleichbaren Leistungsumfang. Von zunehmender Bedeutung sind die verfügbaren Möglichkeiten zur Datenübertragung.

> ➢ Durch den Anschluss eines Notebooks an ein verfügbares Netz z.B. im Hotel oder über den Mobilfunk kann eine Datenübertragung realisiert werden. Die notwendigen Modems setzen einen entsprechenden Anschluss

voraus, den es in Hotels inzwischen häufiger gibt. International kann es dabei jedoch wegen unterschiedlicher Protokolle zu erheblichen Problemen kommen.

> ➤ Zunehmend werden Hotspots installiert, über die drahtlos mit *WLAN Datenübertragung* erfolgen kann. Unsicher sind noch die zukünftigen Gebühren für die Nutzung dieses Anschlusses. Es besteht auch die Möglichkeit, über diesen Anschluss zu telefonieren und damit Kosten bei Mobilfunkbetreibern einzusparen.

Endgeräte der Kommunikationstechnologie

Die heute am meisten eingesetzten Produkte für die Kommunikation im Mobilfunk sind *Mobiltelefone* und *Smartphones*. Die Grenzen sind fließend, da beide zunehmend überlappende Leistungsmerkmale haben. Ein wesentliches, vermutlich bleibendes Unterscheidungsmerkmal, ist die Größe und damit das Gewicht, da die *Smartphones* einen größeren Bildschirm haben.

Die Mobiltelefone werden auf verschiedene Zielgruppen ausgerichtet (Tabelle 5.2). Der Einsatzschwerpunkt für geschäftliche Anwendungen ist der mittlere Bereich.

Handys sind zum Telefonieren entwickelt worden, jede weitere Funktion muss sich daran orientieren. Einige Merkmale sind:

> ➤ Display: Es hat nur kleine Abmessungen mit 120x160 Pixel (Darstellung von Punkten). Damit lassen sich ca. 5 Zeilen eines kurzen Textes darstellen. Manche Service Anbieter lösen das Problem, in dem sie durch eine Text-/Sprachumsetzung Texte vorlesen können.

> ➤ Tastatur: In dem Bestreben, kleine Handys zu bauen, werden die Tastaturen häufig zu klein und sind damit schlecht zu bedienen. Das stört natürlich besonders bei der Eingabe von Texten.

> ➤ Prozessor: Die Leistungsfähigkeit der Endgeräte ist auch limitiert durch den Prozessor. Er verbraucht für Farbdisplays und Anwendungen wie MMS viel Energie, dementsprechend verkürzt sich die Betriebsdauer der Batterie.

Leistungsklasse	Zielgruppe	Leistung	Ca. Preis €
Niedrig	Junge Leute Europa, Osteuropa	➤ Sprache ➤ SMS	150-180
Mittel	Standard Anwender in Westeuropa	➤ Sprache ➤ SMS ➤ MMS ➤ Farbdisplay ➤ Infrarotschnittstelle ➤ Spracheingabe	300
Hoch	Design und Mode orientierte Benutzer	➤ Sprache ➤ SMS ➤ MMS ➤ Infrarotschnittstelle ➤ Spracheingabe ➤ Kamera ➤ Hochauflösendes Farbdisplay ➤ MP3 Player	450

Tabelle 5.2: Leistungsklassen von Mobiltelefonen

Der Einsatz und die Entwicklung von Mobiltelefonen ist stark bestimmt durch die private Nutzung. Durch sie werden die Preise und Funktionen geprägt. Preisunterschiede entstehen durch das Display (Größe und Farbe), die Batterie und den Speicher.

Mobiltelefone haben eine Lebensdauer von ca. 2 Jahren und haben standardisierte Schnittstellen für die Übertragung. Firmenspezifische Anwendungen erschweren jedoch teilweise die Kommunikation zwischen Endgeräten unterschiedlicher Hersteller.

Smartphones haben sich aus den Organizern oder PDAs (*Personal Digital Assistant*) entwickelt, die lediglich zur Verwaltung von Adressen, Terminen und Projekten dienten. Maßgeblich waren von vornherein Format und Gewicht, die an dem eines Notizbuchs orientiert waren. Entsprechend klein ist heute das Display mit bis zu 480x160 Pixeln.

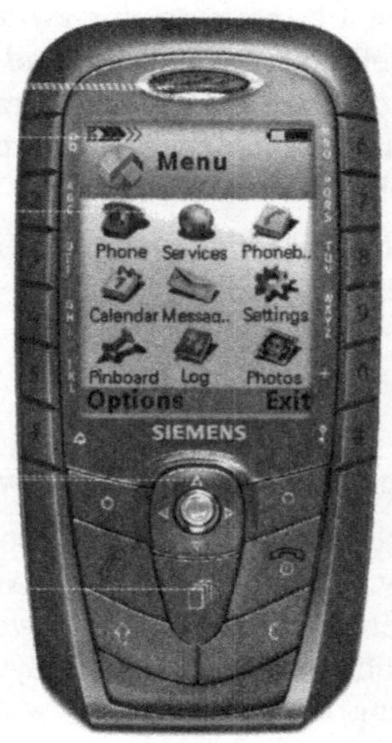

Die heutigen Smartphones haben Verarbeitungs- und Übertragungsfunktionen. Die Eingabe wird dadurch erleichtert, dass man Texte über einen Griffel mit einem berührungsintensiven Display eingeben kann.

Sehr leistungsfähige Smartphones haben zusätzlich eine Digitalkamera mit bis zu 4 Millionen Pixel.

Die Telefonfunktionen entsprechend denen eines Handys.

Die Kosten von Smartphones sind gegenüber Mobiltelefonen vergleichsweise hoch; sie liegen heute bei über 500 € (s. Bild 5.2).

Bild 5.2: Smartphone (Siemens)

Die Telefonfunktionen entsprechen denen des Mobiltelefons.

Die wesentlichen technologischen Entwicklungen spielen sich auf Massenmärkten wie dem Handy ab, sodass die Smartphones erst später oder gar nicht bestimmte neue Funktionalitäten enthalten und auch wegen der geringeren Stückzahl im Preis nicht konkurrieren können. Ein Beispiel hierfür war die späte Verfügbarkeit von GPRS.

Die Produkte bieten heute ein großes Spektrum für die Übertragung von Text/Daten/Bildern:

> ➢ Bei SMS Textübertragung mit max. 160 Zeichen

> ➢ Bei EMS Textübertragung mit max. 500 Zeichen sowie unterschiedliche Zeichenformate

> ➢ Bei MMS Bilder wie Fotos und Klingeltöne

Der Dienst *SMS* (Short Message Service) ist begrenzt durch die Länge der Nachrichten.

Bei dem Übermitteln von Bildern durch *EMS* (Enhanced Messaging Service) gibt es noch Probleme mit einem einheitlichen Standard.

Bei *MMS* (Multi Messaging Service) werden Nachrichten als E-Mails gesendet und außerdem Töne übertragen. Außerdem können Fotos versendet werden. Die Anwendung von MMS hat ihre Grenzen, da die Übertragung nur zwischen zwei für MMS geeigneten Mobiltelefonen möglich ist und sehr langsam sein kann. Es kann vorkommen, dass die Übertragung je nach Netzbetreiber bis zu 5 Minuten dauert. Die Übertragung an einen PC ist offensichtlich problemlos.

E-Mails können beim Mobilfunktelefon mit einem E-Mail Client abgerufen oder gesendet werden.

5.3   Lokale Schnittstellen

Handys können mit einem PC synchronisiert werden, sodass beispielsweise Adressverzeichnisse übertragen werden können.

Hierfür werden Protokolle (*Infrarot, Bluetooth*) zwischen einem PC und dem Handy eingesetzt, die den Austausch von Daten wie z.B. Adressen ermöglichen. Diese Anwendung erweist sich in der Praxis als problematisch, weil die Synchronisation häufig nicht in dem Umfang durchführbar ist, wie sie in den Bedienungsanleitungen versprochen wird.

Es besteht die Möglichkeit, mobile Telefone intern mit der Bluetooth Schnittstelle, extern mit GSM zu betreiben. Voraussetzung dafür sind spezielle Endgeräte.

5.4   Integrierte Anwendungen

5.4.1   Übersicht

Im Folgenden werden integrierte Anwendungen der Kommunikation beschrieben, die von Herstellern von Kommunikationssystemen bzw. TK-Anlagen, von Mobilfunk- oder Netzanbietern angeboten werden. Darunter werden hier Produkte verstanden, die über ein Kommunikationsverfahren hinaus weiter gehende Kommunikationsleistungen beinhalten.

Die Anwendungen als Produkte sind im Anhang 1 Integrierte Anwendungen" beschrieben. Die Lösungen eines Herstellers werden meistens in ähnlicher Form von verschiedenen Lieferanten angeboten.

Die einzelnen Anwendungen überlappen sich teilweise oder sind kombiniert einsetzbar. Die angebotenen Produkte verändern relativ schnell ihre Leistungsinhalte wie auch die technischen Voraussetzungen für ihren Einsatz.

Es werden die folgenden Einsatzschwerpunkte unterschieden:

- ➤ Kommunikation mit dem Unternehmen
- ➤ Kommunikation am Arbeitsplatz
- ➤ Mobile Kommunikation
- ➤ Kommunikation mit/von Teams
- ➤ Kommunikation im Internet
- ➤ Kommunikation mit Geräten

5.4.2   Kommunikation mit dem Unternehmen

Die Telefonvermittlung ist eine der Visitenkarten für ein Unternehmen. Leider werden die Anrufer häufig nicht optimal behandelt, weil besetzt ist, Verbindungen langsam zu Stande kommen oder ganz erfolglos sind.

Die folgenden Anwendungen stehen im Vordergrund:

- ➤ *Anrufoptimierung bei der Vermittlung,* wobei u.a.

    - o beim Erkennen der Telefonnummer des Anrufenden dessen Daten automatisch aufgerufen werden

    - o eine schnelle Vermittlung durch Verwendung elektronischer Telefonbücher erfolgt

    - o dem Anruf Notizen zugeordnet werden können

- ➤ *Service Zentrum* (oder Contact Center) zur zentralen Behandlung aller eintreffenden Nachrichten für Telefonanrufe, E-Mails, SMS, Voice-Mails. U.a. können die folgenden Leistungsmerkmale eingesetzt werden:

    - o Erkennen des Anrufenden anhand seiner Telefonnummer, automatischer Aufruf seiner Daten des entsprechenden Unternehmens und Weitervermittlung

    - o Steuerung der Anrufe oder E-Mails an virtuelle Agentengruppen mit dem für diesen Kunden notwendigenWissen

    - o Automatischer Rückruf bei Unterbrechungen

    - o Stichwortanalyse bei E-Mail und Witerleiten an kompetente Wissensträger

    o Automatisierte interaktive Abfrage und anschlie-
        ßende Steuerung an Personen oder Informatio-
        nen

    o Integration mit entsprechenden Programmen wie
        SAP

    o Überprüfung von Telefonkosten des Unterneh-
        mens gegen Missbrauch beispielsweise durch
        Dritte

Diese Leistungen werden sowohl von Herstellern der Kommunikationssysteme als auch von Netzwerkbetreibern als Mehrwert-
dienste angeboten.

Die Erwartungen von Kunden sind in Bild 5.3 dargestellt.

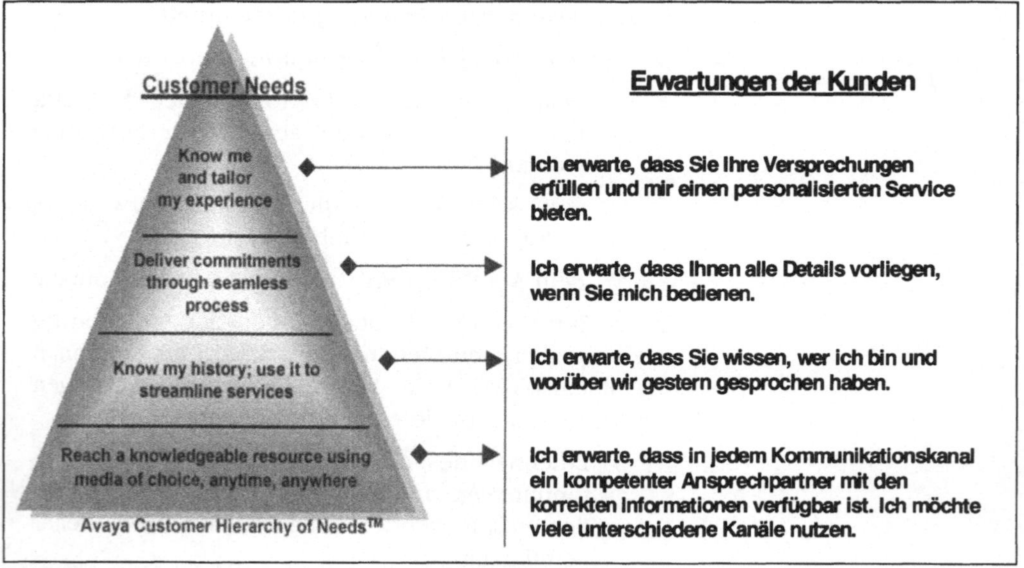

Bild 5.3 : Erwartungen des Kunden (Avaya)

Wichtig ist hierbei, dass Kunden nicht durch einen unzulängli-
chen Kundenservice zu einem Wettbewerber wechseln. Lt. For-
tune-500-Studien über *Kundenverschleiß* wechseln alle 5 Jahre
50% der Kunden ihren Lieferanten.

Einheitliche Ruf-
nummer

Eine weitere Anwendung der Netzwerkbetreiber ist die bessere Erreichbarkeit von Unternehmen mit mehreren Standorten durch eine einheitliche Rufnummer.

5.4.3   Kommunikation am Arbeitsplatz

In dem Datenspeicher des PC eines Mitarbeiters befinden sich in der Regel viele Informationen, die einen Kunden betreffen. Das können Termine, Notizen oder Dokumente sein. Durch eine Integration mit dem Kommunikationssystem können die Leistungsmerkmale beider Systeme integriert und damit optimiert werden:

Integration von
Daten- und
Sprachleistungen

> Anruferidentifizierung durch Telefonbücher

> Protokollierung der Anrufe, ergänzt durch Notizen

> Anrufplanung und Rückrufliste

> Menüs zur Behandlung von Anrufen bei Abwesenheit oder im Besetztfall

> Nutzung von Telefonkomfortfunktionen wie Rückfrage, Konferenz, Rufweiterleitung u.a.

> *Echtzeitkommunikation* ist ein Hilfsmittel, um schnell als „Instant Messaging" mit einem festgelegten Personenkreis zu kommunizieren. Hierbei werden sog. Buddy Listen verwendet, mit denen aktuell die Erreichbarkeit für bestimmte Kommunikationsverfahren erkannt werden kann. Sie geben Informationen über die aktuelle Tätigkeit und Präsenz der betroffenen Person sowie über das zu verwendende Medium. Der betreffende Teilnehmer muss diesem Verfahren zugestimmt haben. Diese Anwendung ist besonders bei weltweit operierenden Unternehmen wichtig. Zusätzlich besteht die Möglichkeit, schnell das Medium zu wechseln: ein Beispiel ist der Wechsel vom Chat zum Telefongespräch. Die Funktionen stehen kurz vor der Freigabe.

5.4.4   Mobile Kommunikation

Unified Messaging Systeme speichern monologorientierte Nachrichten, auf die von überall her zugegriffen werden kann. Die Speicherung und Anzeige eingetroffener Nachrichten erfolgt am PC. Von unterwegs erfolgt eine entsprechende Nachricht auf dem Laptop oder kann phonetisch am Telefon angesagt werden.

Unified Messaging   *Unified Messaging* Systeme (UM oder UMS) haben für jeden akkreditierten Nutzer ein zentrales Postfach oder eine Mailbox, über die seine gesamte monologorientierte Kommunikation abgewickelt wird. Die Vorteile dieser Speicherung sind:

> ➤ Durchgängige Sicherheitsmassnahmen für alle Nachrichten gegen missbräuchlichen Zugriff.

> ➤ Einfache einheitliche Verwaltung sowohl für den Nutzer als auch für den Systemadministrator. Für den Nutzer bedeutet das ein einheitliches Telefonbuch, für den Systemadministrator eine vereinfachte Pflege der Nutzerdaten.

> ➤ Einheitliches Adressverzeichnis

Die vollständige Darstellung einer Nachricht mit Absender, Zeitpunkt des Eintreffens erfolgt am PC (s. Bild 5.4).

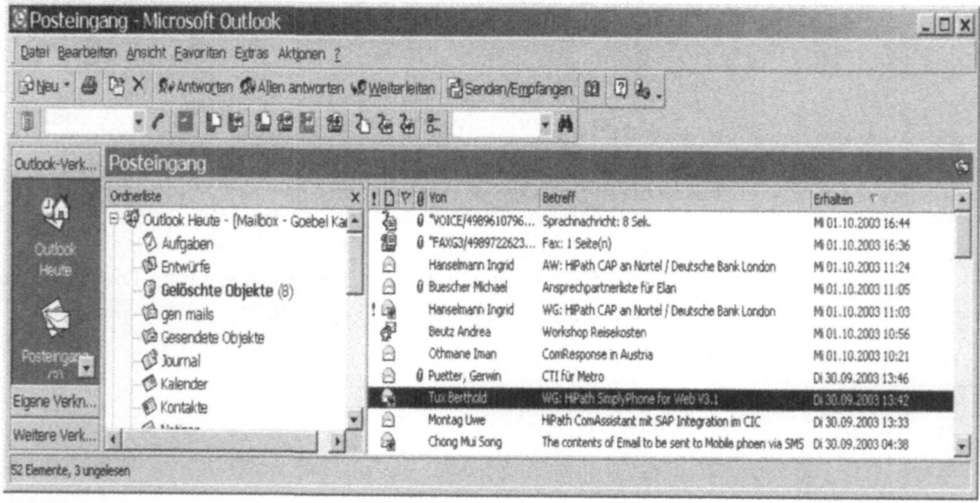

Bild 5.4 : Anzeige von Nachrichten auf der Basis von MS Outlook (Siemens)

Die Produkte der Hersteller unterscheiden sich in einzelnen Leistungsmerkmalen wie z.B.:

o   Durch das Verwenden von Telefon-Funktionen am PC (Softphone)

o   Das Wählen aus Terminkalendern

o   Das Filtern von eintreffenden Nachrichten auf Grund der Adresse des Absenders bei E-Mail und dem Telefonieren

o   Die Möglichkeit, simultan zum Telefongespräch Notizen anzulegen. Sie können dann unter dem Namen des Anrufenden aufgerufen werden.

Der Aufruf und die Behandlung der einzelnen Nachrichten erfolgt am PC nach gewohnten Verfahren, so bei Voice-Mail wie bei einem Anrufbeantworter (Bild 5.5)

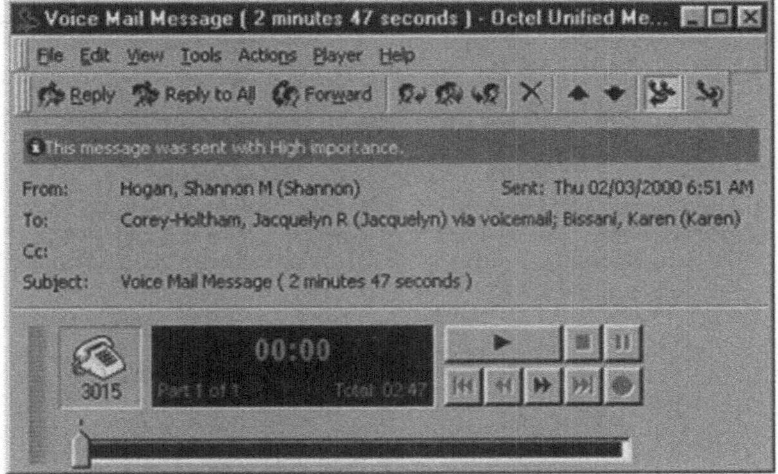

Bild 5.5: Aufruf einer Voice-Mail Nachricht (Avaya)

Bei dem Einsatz von Unified Messaging Systemen erwartet der Nutzer eine hohe Ausfallsicherheit, wie er es vom Telefon gewöhnt ist. Das ist sicherlich nicht der Fall, da hier viele Komponenten involviert sind, die von Hause aus höhere Ausfallzeiten haben.

Globale Netze

Für eine globale Daten- und Sprachkommunikation bieten Netzbetreiber Lösungen an, die eine wirtschaftliche Kommunikation weltweit ermöglichen. Wichtig ist hierbei, dass die involvierten Netzbetreiber einen Service bieten, der den Anforderungen genügt. Das ersetzt individuelle und damit teure Übertragungswege. Durch eine festgelegte und vertraglich abgesicherte internationale Netzstruktur mit günstigen Kosten kann die Kommunikation optimiert werden (s.Bild 5.6).

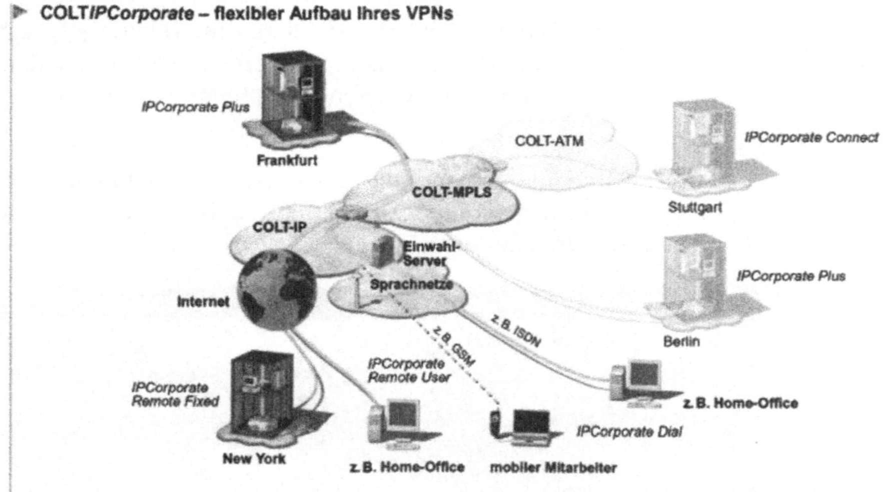

Bild 5.6: Darstellung eines weltweit nutzbaren Kommunikationsnetzes (Quelle Colt)

5.4.5   Kommunikation von und mit Teams

Die Kommunikation zwischen Teams ist durch die Internationalisierung von Unternehmen sowie durch Personalrestriktionen zunehmend schwierig geworden. Um Reise- und Personalkosten zu sparen müssen technische Hilfsmittel eingesetzt werden, damit zwischen regional verstreuten Personen Besprechungen geführt werden können. Die Produkte werden auch unter dem Begriff *Collaboration Services* zusammengefasst. Darunter versteht man alle Anwendungen, die eine Zusammenarbeit über örtliche Grenzen hinweg unterstützen. Das können beispielweise Telefon- und Videokonferenzen sein. Die folgenden Anwendungen stehen im Vordergrund:

Konferenzen

> *Telefon-Videokonferenzen*: Der Vorteil von solchen Konferenzen ist, dass viele Teilnehmer zusammen agieren; bei Video kommt hinzu, dass sie ihren persönlichen Ausdruck mit einsetzen können. Der Nachteil von Telefonkonferenzen ist generell, dass, im Gegensatz zu persönlichen Gesprächen, nicht visuell erkannt werden kann, ob der Gesprächspartner seinen Beitrag beendet hat. Dadurch können Teilnehmer durcheinander sprechen, wenn nicht einer die Diskussion steuert. Bei Videokonferenzen ist die Synchronisation zwischen Sprache und Bild nicht sichergestellt. Das schnelle Sprechen eines Teilnehmers führt durch die Priorisierung der Sprache zu einer Verlangsamung der Bildübertragung. Durch schnellere und wirtschaftliche Übertragungsverfahren wie mit IP werden zukünftig diese Nachteile entfallen, sodass die Anwendung stärker eingesetzt werden wird.

> Beim *Document Sharing* können mehrere Personen an verschiedenen Standorten aus auf das gleiche Dokument zugreifen. Dieser Zugriff kann gleichzeitiges Lesen oder auch Bearbeiten beinhalten.

> *Unternehmensweite Information*: Ein generelles Problem besteht in der aktuellen Information von Mitarbeitern an verschiedenen Standorten; es ist wünschenswert, dass diese unmittelbar reagieren können. Durch die gleichzeitige Verwendung aller PCs am Arbeitsplatz als Fernsehbildschirm können Informationen simultan an alle übermittelt werden. Eine sofortige Reaktion ist per E-Mail möglich, sodass der Redner auf Fragen sofort eingehen kann. Eine Freigabe des Produktes ist vorgesehen.

5.4.6   Kommunikation im Internet

Die Kommunikation mit dem *Internet* kann zu einer Mensch zu Mensch Kommunikation führen, wenn der Zugriff auf die gespeicherten Informationen nicht zufrieden stellend ist. Hier kann ein Anbieter durch den Einsatz entsprechender Lösungen, die einen Dialog ermöglichen, Kunden individuell betreuen und auf dessen spezielle Bedürfnisse eingehen. In der bestehenden Verbindung mit der Homepage des Anbieters im Internet kann eine Chat-Verbindung aufgebaut werden. Das macht den Aufbau einer zweiten Verbindung unnötig.

5.4.7 Kommunikation mit Geräten

Unter Verwendung des Mobilfunks kann die Überprüfung von entfernt stehenden Geräten kostengünstig durchgeführt werden. Angewendet wird das beispielsweise bei Fahrstühlen, die sich bei einem Defekt selber melden.

5.5 Leistungsangebote im öffentlichen Fernsprechnetz

Die Deutsche Telekom stellt ein öffentliches Netz zur Verfügung, das unterschiedliche Möglichkeiten der Tarifierung gestattet:

> ➤ *0800 Service* (Free Phone) ist für den Anrufer unentgeltlich

> ➤ *0180 Service* (Shared Cost) unterteilt die Kosten eines Anrufes zwischen dem Anrufer und dem Angerufenen. Beispielsweise zahlt der Anrufer bei dem Service 01805 gegenwärtig eine feste Rate von 12 cents/min, bei 01803 einen Betrag von 9 cents/m.

> ➤ 0900 Service (Premium Rate) ist frei in der Gestaltung des Kostenmodells (Selbstbestimmte Tarifierung). Er wird nach Inhalten gestaffelt:

>> o 1 Information

>> o 3 Unterhaltung ohne Erotik

>> o 5 Übrige Dienste

Der Dienstkunde oder Emittend ist verpflichtet, dem Dienstnutzer den Tarif vorab mitzuteilen. Der Service 0900 ersetzt bis 2005 den 0190, der entsprechend der Endziffer feste und freie Minutentarife hat.

Service 0800 und 0180 werden als On- Line Tarife, der Service 0900 als Off-Line Tarif bezeichnet.

Der Dienstkunde ist der Inhaber der Servicerufnummer SRN gemäß Zuteilungsbescheid der RegTP.

Die Deutsche Telekom ist durch den Regulierer RegTP verpflichtet, für einige der Services das Inkasso für den Dienstkunden durchzuführen.

6 Infrastruktur

Für die Kommunikationstechnologie sind verschiedene Trends zu beobachten:

> ➤ Die Informations- und Kommunikationstechnologie wachsen zusammen.

> ➤ Die mobile Kommunikation nimmt in großem Umfang zu und wird kombiniert mit Anwendungen in Festnetzen

> ➤ Es werden zunehmend alternative Lösungen angeboten, die entweder durch eigene Installationen oder durch Leistungen Dritter erbracht werden können.

Die Entscheidungen für Investitionen der Infrastruktur sind kostenintensiv, wobei sie immer mehr mit denen der Informationsverarbeitung verzahnt sind.

Die nachfolgenden Ausführungen sollen die notwendige Komplexität der Infrastruktur verdeutlichen; sie ist Herausforderung und Risiko zugleich. Die Kenntnis der Zusammenhänge und der Begriffe erleichtert Entscheidungen für die Kommunikation.

6.1 Szenario

Die Infrastruktur der Kommunikation wird durch vielschichtige, aus verschiedenen technischen Quellen stammenden Produkte gebildet (Bild 6.1).

Im Zusammenhang mit den Produkten müssen die Qualität und Leistungsfähigkeit der Produkte bzw. der Systeme betrachtet werden. Wichtige Begriffe sind hier:

> ➤ Qualität (*Quality of Service QoS*)

>> o Erkennen des Übertragungsmediums

>> o Ggf. Priorisierung der Sprachübertragung u.a.

> ➤ Zuverlässigkeit (*Reliability*)

>> o Redundanz einzelner Komponenten

>> o Eingebaute Fehlertoleranz bei der Vermittlung u.a.

> ➤ Sicherheit (*Security*)

o   Unterstützung von Sicherheitsstandards

o   Metadirectory u.a.

	Endgeräte			
Anwendungen / Endgeräte	**Kommunikationsverfahren**			
	Integrierte Anwendungen			
Produkte Infrastruktur	**Infrastruktur intern**			
	Host	Kommunikationssysteme	Server	LAN
	Übertragung			
	Sprachnetze	Datennetze	Daten/ Sprachnetze	Mobilfunk
	Managementsysteme			
	Analyse-systeme	Konfigurationssysteme	Meta Directory	Diagnosesysteme
	Sicherheit			
	Produkte		Netze	Dienstleitungen

Bild 6.1 : Struktur der Produkte für die Kommunikation

Die Leistungsfähigkeit von Produkten wächst in einem schnellem Tempo, sodass die Lebenszyklen der Produkte kurz sind.

6.2   Infrastruktur intern

Die Infrastruktur für die Kommunikation besteht aus

> Vermittlungs- und Verarbeitungssystemen

> Netzen und Netzwerkkomponenten

Für das Verständnis ist es wichtig, die Komplexität des gesamten Systems und deren zukünftige Entwicklung überblicken zu können. In diesem Kapitel werden die grundsätzlichen Technologien beschrieben.

6.2.1   Die Konvergenz der Vermittlungs- und Verarbeitungssysteme

Die Vermittlungs- und Verarbeitungssysteme haben eine unterschiedliche Historie und sie haben zur Entwicklung unterschiedlicher Kommunikationsverfahren beigetragen. Die Entwicklung der Vermittlungssysteme verläuft in verschiedenen Stufen, bei den Informations- und Kommunikationssysteme sowie die Übertragung von Daten und Sprache konvergieren (Bild 6.2).

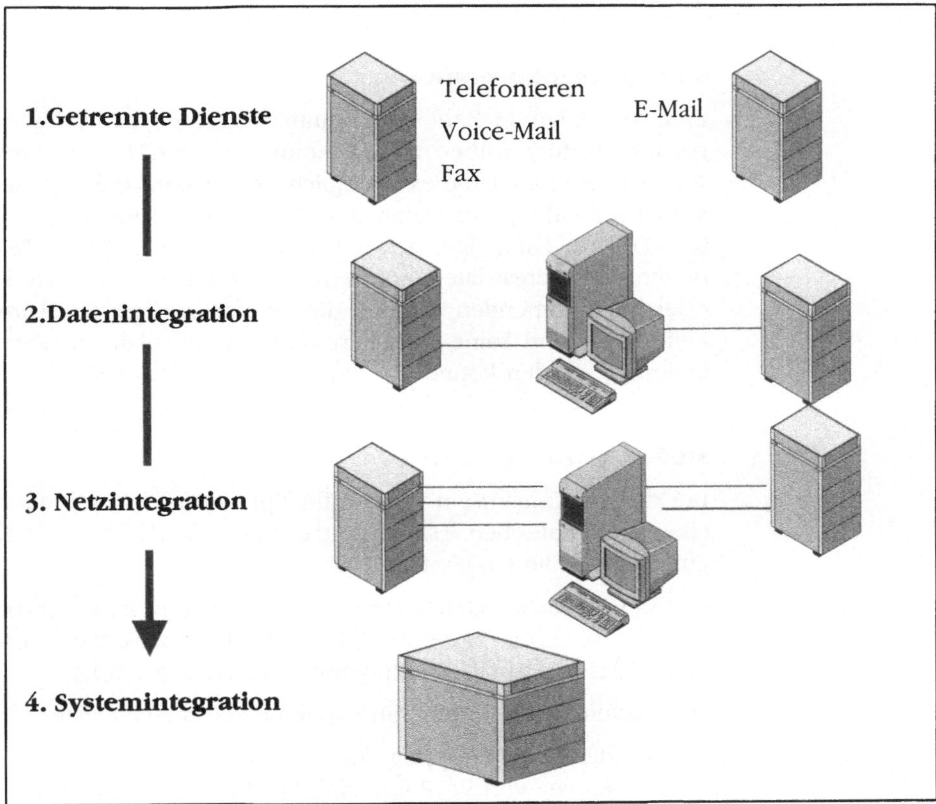

Bild 6.2 Der Weg zur Konvergenz

Die Konvergenz der Informations- und Kommunikationstechnologie führt neben der technischen Vereinheitlichung zu einer wesentlichen Verbesserung von Anwendungen

Stufe 1 Getrennte Dienste

*Die Technik der
Gegenwart?*

In der Vergangenheit, die heute für viele Unternehmen noch die Gegenwart ist, wurden die Kommunikationssysteme ausschließlich für die Vermittlung der Sprache und von Fax eingesetzt. Gegebenfalls wurde ein Voice-Mail System angeschlossen.

Die Vermittlungssysteme für Daten sind Standard-Server, die mit einer speziellen Software zum Vermitteln von E-Mail ausgerüstet sind.

Stufe 2 Datenintegration

Eine zunehmende Zahl von Kommunikationssystemen der Gegenwart verfügen über eine Datenintegration *CTI (Computer Telefony Integration)*, die es ermöglicht, im Zusammenhang mit der Sprachvermittlung auf Daten des Verarbeitungssystems zuzugreifen. Das hat zur Folge, dass entweder bei abgehendem Telefonieren die Adressdatei aus dem PC verwendet werden kann oder bei kommenden Anrufen die Telefonnummer des Anrufers identifiziert und seine aktuellen Daten unmittelbar auf dem PC angezeigt werden können.

Stufe 3 Netzintegration

Bei der *Netzintegration* werden für Sprache und Daten die gleichen physikalischen (Daten)Netze und identische IP-Übertragungsprotokolle eingesetzt.

Der Einsatz konvergierter Sprach- Datennetze bezieht sich heute auf firmeninterne Netze, wobei der Quality of Service Gewähr leistet, dass die Sprachübertragung nicht verzerrt erfolgt.

Die Kosten für die Vermittlungssysteme verschieben sich:

> ➤ die Einbaugruppen für Teilnehmer werden durch den Einsatz von VoIP um 25-50% billiger
>
> ➤ Software Lizenzen werden teurer
>
> ➤ Durch die steigende Qualität in der Datenkommunikation erfüllt das interne Netz zunehmend die höheren Qualitätsansprüche für die Übertragung der Sprache im IP. Die Kosten für das Netz werden zwangsläufig höher.

Deshalb werden IP-Systeme nach und nach eingesetzt, wobei neue und alte Systeme über sog. „*Konvergenzplattformen*" ge-koppelt" werden (Bild 6.3).

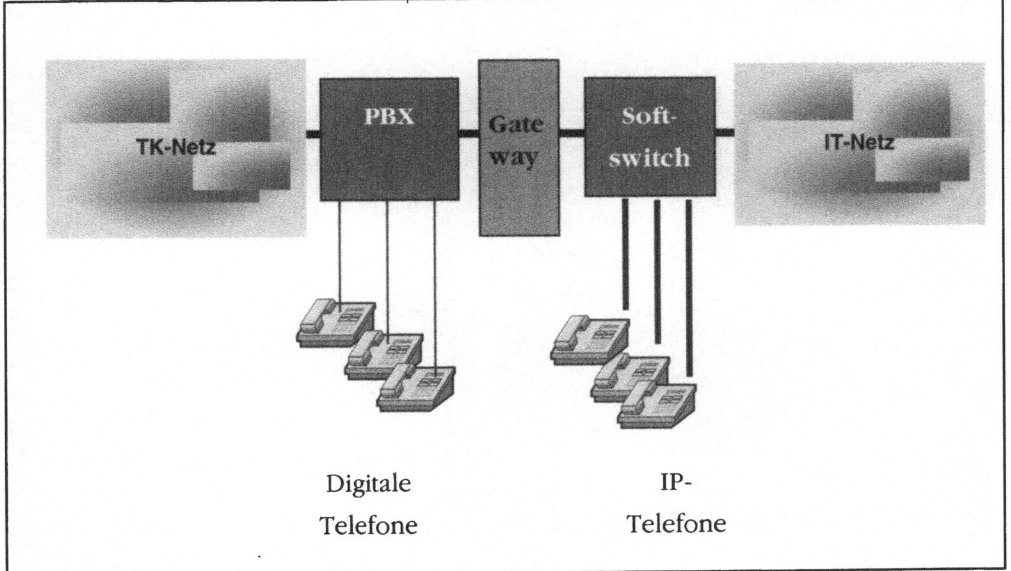

Bild 6.3: Konvergenzplattformen

Bei diesen Systemen, d.h. den konventionellen Kommunikationssystemen mit zusätzlicher IP-Funktionalität, wird ein vergleichbares Leistungsspektrum sichergestellt.

Stufe 4 Systemintegration

Die unterschiedlichen Vermittlungssysteme werden als „Softswitch" zusammenwachsen, um die gesamte Kommunikation optimal beherrschen zu können.

6.2.2   Vermittlungssysteme

Die Kommunikationssysteme mit reiner Telefonvermittlung verfügen über proprietäre Software und Hardware. Während des Vermittlungsvorganges und des Gespräches wird die Verbindung kontrolliert, sodass weiter gehende Funktionen auch während des Gespräches möglich sind. Zur Vermittlungsfunktion gehören ca. 200-300 Leistungsmerkmale. Die wichtigsten sind Wahlwiederholung, Rückruf und Rufumschaltung. Es gibt noch eine Vielzahl weiterer Leistungsmerkmale, die für bestimmte Organisationsformen sinnvoll einsetzbar sind. Hierzu gehören Teamtelefone, bei denen im Team schnell Anrufe zugeordnet werden können.

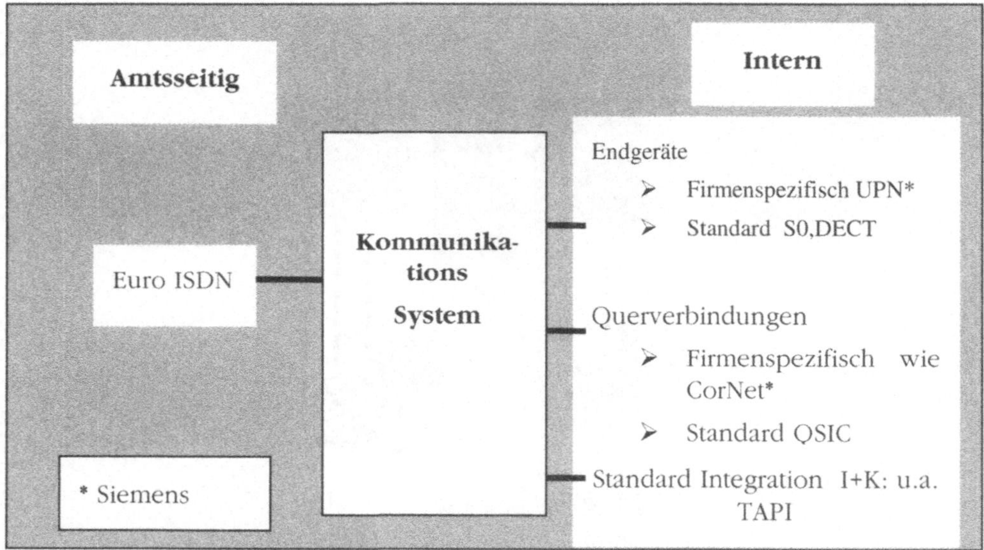

Bild 6.4 : Schnittstellen eines Kommunikationssystems

Firmenspezifische Protokolle

Wesentliche Merkmale eines Kommunikationssystems sind die Anzahl und Art der verwendeten *Schnittstellen* sowie die Rechner- und Speicherleistung. Die Schnittstellen sind weit gehend standardisiert, jedoch gibt es für die interne Übertragung auch firmenspezifische Protokolle wie z.B. UPN oder *CorNet* bei Siemens (Bild 6.4).

Die Übertragung der Sprache erfolgt mit dem *ISDN Protokoll*, bei dem der Signalisierungskanal für den Aufbau einer gesicherten Verbindung und die Synchronisierung der Sprachpakete sorgt.

Intern ist die Verwendung von proprietären Protokollen wie dem CorNet von Siemens möglich.

Das CorNet inter-office networking protocol als Beispiel steuert u.a. die Vermittlung, ermöglicht einen einheitlichen Nummerierungsplan und ist in der Lage, zentrale Anwendungen gemeinsam nutzen zu lassen. CorNet verwendet ISDN oder ATM. Es ist nur einsetzbar für Siemens Hicom/Hipath Anlagen.

Standard Protokolle wie *TAPI* ermöglichen die Integration von Informations- und Kommunikationssystemen.

> ***Kommunikationsfirmen nutzen für interne Übertragungen eigene Protokolle die kostengünstig sind, aber den Anschluss von Fremdgeräten erschweren.***

Übergreifende Funktionen verschiedener Kommunikationssysteme können sein:

> ➢ Zentrale Administration mehrerer vernetzter Anlagen
>
> ➢ Nutzung gemeinsamer Server für UMS, Voice Mail oder CTI

Die Vermittlung der Nachrichten mit Informationssystemen beispielsweise für E-Mail erfolgt über entsprechende Server.

Leistungsmerkmale sind hier u.a.:

> ➢ Speicherung der E-Mails
>
> ➢ Begrenzung des Speicherplatzes pro Benutzer
>
> ➢ Meldung von vorliegenden Nachrichten
>
> ➢ Benachrichtigungen bei Abwesenheit

6.2.3   Einsatzkriterien

Entscheidend für die Einsetzbarkeit der Vermittlungs- und Verarbeitungssysteme sind:

> ➢ *Ausfallsicherheit*
>
> ➢ *Qualität der Übertragung*

Ausfallsicherheit   Die Zielsetzung bei der Entwicklung und dem Einsatz von Produkten war bei der Informationsverarbeitung anders als bei der Nachrichtentechnik:

> ➢ Die Informationsverarbeitung zielte auf eine Kostenoptimierung und das Vermeiden von Datenverlusten
>
> ➢ Die Nachrichtentechnik auf eine Optimierung der Verfügbarkeit und die Qualität der Übertragung

Kommunikationssysteme unterscheiden sich von Informationssystemen hinsichtlich ihrer Architektur, dem Zusammenschluss unterschiedlicher Systeme sowie der Systemsoftware. Angaben über die Ausfallzahlen variieren je nachdem, welchem Vertreter einer Zunft man begegnet:

> ➢ Die Vertreter der Nachrichtentechnik geben an, dass die Ausfallsicherheit gravierend unterschiedlich ist. Sie ist bei Kommunikationssystemen 99,999 % (d.h. 5 Minuten pro Jahr), bei Informationssystemen 99% oder weniger (d.h. 88 Stunden pro Jahr).

Versuchen Sie, sich die Ausfallzeiten garantieren zu lassen !

> ➢ Die Vertreter der Informationsverarbeitung halten dagegen, dass die Ausfallsicherheit der Zentraleinheiten von Informationssystemen heute vergleichbar ist mit der von Kommunikationssystemen. Bei der heute üblichen Zusammenschaltung von Hosts und Servern ist das sicher gerechtfertigt für neuere homogene Systeme.

Die Berechnungsgrundlagen für die *Ausfallsicherheit* beziehen sich nur auf die zentralen Einheiten; Wartungsfenster, Leitungswege, Endgeräte und Anschlüsse werden nicht berücksichtigt.

Besonders kritisch ist bei der Datenübertragung, wenn Produkte verschiedener Hersteller eingesetzt werden, was bei der Nachrichtentechnik in geringerem Umfang der Fall ist.

Die Qualität der Datenübertragung für die Kommunikation via E-Mail spielt keine Rolle. Eine Verzögerung der Übertragung ist für den Empfänger in der Regel nicht bemerkbar.

> *Das Telefonieren erfordert eine sehr hohe Qualität der Datenübertragung. Bei dem Übergang zu einem IP-Netz muss vorab durch Messungen sichergestellt werden, dass sie erreicht wird.*

Für das Telefonieren hat die Sprachqualität eine große Bedeutung. Wir sind daran gewöhnt, dass Dialoge gut verständlich ablaufen. Das Telefonieren als sog. isochroner Dienst hat einen wesentlich anderen Anspruch an die zeitorientierte Übertragung als Datenpakete.

Verzögerungen bei der Sprachübertragung

> ➢ Bei der sog. *IP-Telefonie*, d.h. der Übertragung der Sprache auf Datenleitungen, sind dafür bestimmte Voraussetzungen zu erfüllen wobei bestimmte Grenzwerte eingehalten werden müssen: Die Verzögerung eines Sprachpaketes darf ca. 150-250 ms nicht überschreiten, anderenfalls treten unangenehme und nicht akzeptable Verzerrungen der Sprache auf.

> ➢ Eine Varianz (Jitter) der Verzögerung von < 25 ms kann noch toleriert werden. *Jitter* bedeutet eine unterschiedliche Verzögerung bei verschiedenen Sprachpaketen (Phasenschwankungen), sodass sich Sprachpakete ggf. überholen können und dann in falscher Reihenfolge in hörbare Sprache umgesetzt werden. Der Verlust von Sprachpaketen führt zu lückenhafter Sprach-Kommunikation.

6.2.4 Firmeninterne Funknetze

Im Zusammenhang mit Kommunikationssystemen können schnurlose Telefone eingesetzt werden, die Bündelfunk- und Paging-Systeme ersetzen. Die Übertragung basiert auf dem *DECT* (Digital Enhanced Cordless Telecommunication) oder dem *GAP* (Generic Access Profile) Standards.

Die Telefone kommunizieren jeweils mit der nächsten Basisstation. Bei einer Bewegung im Firmengelände erfolgt die Übergabe wie beim Mobilfunk zwischen den verschiedenen Basisstationen. Die Basisstationen haben in Gebäuden eine Reichweite von 50, im Gelände eine von 300 Metern und haben eine ausreichende Abhörsicherheit. Für den Industrieeinsatz gibt es spezielle robuste Endgeräte.

Firmeninterne Funknetze sind sehr leistungsfähig und erhöhen die organisatorische Flexibilität eines Unternehmens.

Der Vorteil ihres Einsatzes ist eine einheitliche Technologie mit dem jeweiligen Kommunikationssystem. Die DECT Telefone sind in den Nummernkreis des Kommunikationssystems eingeschlossen. Bei Firmen mit häufigen Umzügen innerhalb des Standortes macht es Sinn, nur noch schnurlose Telefone zu verwenden. Der Umziehende muss nur noch seine Ladestation an das Netz seines neuen Büros anschließen.

Neuere firmeninterne Anwendungen basieren auf Verwendung von *Bluetooth*, einer Schnittstelle, die bisher nur für die Datenübertragung zwischen mobilen Geräten und dem PC zur Synchronisierung verwendet wurde. Hierbei werden Bluetoothfähige GSM Telefone eingesetzt, die die Verbindung zu den Access Points herstellen. Diese Access Points sind die Funkstationen im LAN, die Funksignale in VoIP Pakete umsetzen.

6.2.5   Telearbeitsplätze

Die Anforderungen für Telearbeitsplätze sind identisch mit denen eines Büroarbeitsplatzes. Für die Sprachkommunikation muss damit ein Mitarbeiter über eine interne Telefonnummer erreichbar sein, unabhängig von seinem jeweiligen Standort. Außerdem muss eine zentrale Mailbox eingerichtet werden können, damit dort Anrufe im Fest- oder Mobilfunknetz gespeichert werden können. Um die Produktivität der Mitarbeiter sicherzustellen, müssen alle Leistungsmerkmale des zentralen Kommunikationssystems auf die entfernten Standorte ausgeweitet werden (Bild 6.5).

Die Datenkommunikation erfolgt durch ISDN, wodurch der entfernte Teilnehmer an das interne LAN angeschlossen wird.

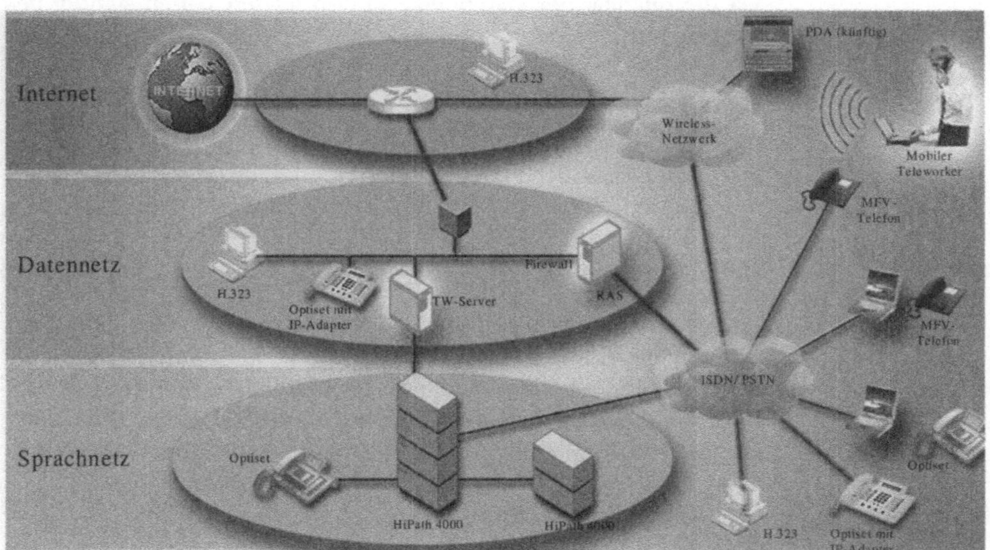

Bild 6.5 : Infrastruktur für Telearbeitsplätze (Siemens ICN)

6.3   Übertragung von Sprache und Daten im Festnetz

6.3.1   Übertragungsverfahren

Netze bestehen physikalisch aus Kupfer- oder Glasfaserkabeln. Die physikalische Leistungsfähigkeit und die Logik der Übertragung legen die Qualität, Kapazität und die Sicherheit der Übertragung fest. Glasfaserkabel haben den großen Vorteil, dass sie abhörsicher sind.

Man unterscheidet heute Sprach- und Datennetze und zunehmend interne Netze, bei denen Sprache und Daten gleichzeitig transportiert werden. Der Trend zur Konvergenz von Daten- und Sprachnetzen auf der Basis des Internetprotokolls ist erkennbar.

In IP-Netzen ist sehr entscheidend, den Verlust von Sprach (Daten)-Paketen zu vermeiden, da sonst die Sprachqualität unzumutbar leidet. Das ist eine völlig neue Betrachtungsweise für die Nachrichtentechnik!

Da die Qualität der Datennetze in den letzten Jahren ständig gestiegen sind, werden auch hier mittlerweile die Qualitätsanforderungen der Telefonübertragung erfüllt. Dennoch werden vermutlich auch zukünftig manche Anwender aus Gründen der Ausfallsicherheit getrennte Netze haben.

Die unterschiedliche Netze und Übertragungsverfahren haben verschiedene Schwerpunkte (s. Anhang 2 Infrastruktur, 1. Netze).

6.3.2   Übertragung von Sprache

Die Übertragungsleistung von Sprachnetzen ist sehr hoch; so können mit Glasfasern 10 Gbit/sec übertragen werden. Das entspricht 120.000 herkömmlichen Telefonkanälen, bei denen Telefongespräche simultan durchgeführt werden können. Das Übertagungsverfahren dafür ist TDM (Time Division Multiplexing).

6.3.3   Übertragung von Daten

Bei der Übertragung von Daten wirken lokale und regionale Netze zusammen (Bild 6.6).

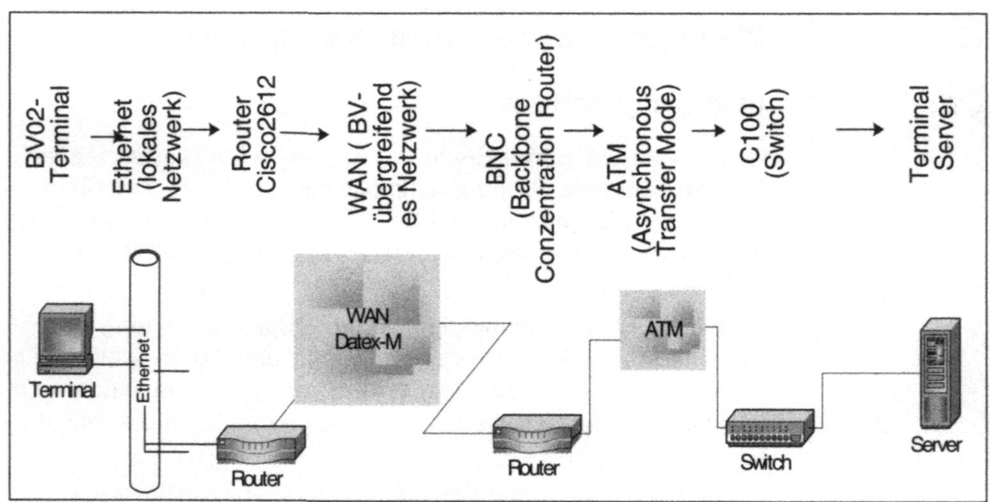

Bild 6.6: **Schema der Datenübertragung von einer Niederlassung zur Hauptverwaltung**

Netze bilden eine komplexe und aufwändige Infrastruktur

Die *WANs* (Wide Area Networks) gehören Netzwerkbetreibern, die diesen Service zur Verfügung stellen. Sie betreiben die Netze und kontrollieren auch ständig deren Funktionsfähigkeit. Die Geschwindigkeiten in den einzelnen Netzbestandteilen können unterschiedlich sein; die erzielte Geschwindigkeit im Verkehr zwischen einzelnen Standorten orientiert sich an dem „ Nadelöhr", d.h. an dem Bestandteil des Netzes mit der niedrigsten Geschwindigkeit. Das Erhöhen der Geschwindigkeit, wie auch die schnelle Beseitigung von Störungen, festgelegt in den SLA (Service Level Agreement), ist ausschließlich eine Frage der Kosten.

Die externe Übertragung wird entsprechend der gerade verfügbaren Netzstrecken (Funktionsfähigkeit, Auslastung) gesteuert. Damit kann eine Verbindung zwischen gleichen Orten zu verschiedenen Zeiten unterschiedliche Wegstrecken benutzen.

Die Festnetze für Daten haben in den letzten Jahren kontinuierlich mehr Leistung erhalten (s. Anhang 2 Infrastruktur, 2. Leistungsmerkmale der Datenübertragungsnetze), wobei bestimmte Übertragungsprotokolle vom Markt verschwunden sind. Ein Beispiel war der von der IBM unterstützte Token Ring für LANs, gegenwärtig ist es die Anwendung des *ATM* für den internen Gebrauch. Sichern kann man sich gegen solche Entwicklungen nicht, da diese Produkte ihre Vorteile hatten und von namhaften Herstellern unterstützt wurden.

> *Die Technologie der Netzbetreiber oder Carrier spielt für den Nutzer ein untergeordnete Rolle. Für ihn ist es wichtig, die für ihn notwendigen Leistungen abgestuft mit der entsprechenden Qualität zu erhalten. Dieses Gebiet entwickelt sich ständig; bei verlockenden Angeboten muss man auf die Zusagen für die Qualität der Übertragung achten.*

6.4   Verfahren des Mobilfunks

Unter Mobilfunk kann man zwei unterschiedliche Verfahren verstehen:

> ➢ Das *Mobilfunknetz* für Mobiltelefone, bei dem Firmen wie der T-Mobile, Vodafone, E-Plus und O2 die Übertragungsstrecken, den Zugang und auch Services zur Verfügung stellen.

> Die Übertragung von Daten mit *WLAN* (Wireless LAN), die eine zunehmende Rolle spielt. An vielen öffentlichen Plätzen werden Zugänge (Hotspots) zur Verfügung gestellt, über die ein schneller Datentransfer erfolgen kann. Betreiber sind häufig die Mobilfunknetz Anbieter. Mit WLAN kann auch telefoniert werden, sodass die hohen Kosten des Mobilfunks vermieden werden können.

Identifizierung durch Mobilfunk

Das Netz beim *Mobilfunk* ist in einzelne Zellen aufgeteilt, in denen jeweils eine Funkstation steht. Damit kann ein Mobilfunknutzer lokalisiert werden. Die Genauigkeit hängt von dem verwendeten Verfahren ab:

> Bei der Identifizierung über die gerade verwendete Funkstation ist die Genauigkeit ca. 500 Meter

> Werden Laufzeitmessungen zwischen verschiedenen Funkstationen vorgenommen, so ist die Genauigkeit der Lokalisierung 50-100 Meter

> Wird *GPS* verwendet, dann ist die Genauigkeit 5-50 Meter, wobei hier ein modifiziertes Endgerät verwendet werden muss.

Der Schlüssel für die Entwicklung der mobilen Kommunikationstechnik sind die Übertragungsverfahren. Sie haben in den letzten Jahren eine rasante Entwicklung hinter sich, die den kommerziellen Erfolg für den Betreiber oder für die Hersteller von Produkten fraglich machte, weil damit immer hohe finanzielle Aufwendungen verbunden waren. Beispiele sind WAP oder UMTS.

Die Protokolle decken unterschiedliche Leistungsspektren ab, wobei manche auf Grund schlechter Bedienbarkeit und langsamer Übertragung nicht die erwartete Verbreitung gefunden haben. (s. Anhang 2 Infrastruktur, 3. Übertragungsprotokolle Mobilfunk). Ein Beispiel hierfür ist WAP, mit dem vereinfachte Internetseiten angezeigt werden. Die anfängliche Euphorie über diesen Service ist inzwischen einer Ernüchterung gewichen, da der Aufbau der Verbindung sehr lange dauert und teilweise auch nicht stabil ist.

Die Weiterentwicklung des *WAP* ist *GPRS*, bei dem eine ständige Verbindung besteht und damit der Aufbau einer Verbindung nur einmalig erfolgen muss. Hier teilen sich auch verschiedene Teilnehmer eine Bandbreite, sodass die Kosten akzeptabler werden.

Die hohen Investitionen, die die Netzbetreiber für UMTS bezahlt haben, werden nur über einen sehr langen Zeitraum, wenn überhaupt, zurückfließen. Grund hierfür ist einerseits der geringe Leistungshub gegenüber GPRS, andererseits die Konkurrenz von WLAN mit extrem niedrigen Kosten.

> *Unternehmen sind vorsichtig bei Aussagen zur Nutzung von UMTS zur Datenübertragung. Durch das zunehmende Angebot von WLAN ist ein Wettbewerber entstanden, der die hohen Erwartungen bei UMTS zu Nichte machen kann.*

Die *Gebühren* richten sich generell nach der Art der Übertragung, können jedoch fast immer nach dem Bedarf modifiziert werden (Tabelle 6.1).

Protokoll	Dienste	Verrechnung von Leistungen nach
GSM /WAP/MMS /EMS	Leitungsorientiert	Dauer der Übertragung
GSM/SMS		Je SMS Nachricht ca.20 cents
GPRS/WAP/MMS/ EMS	Paketorientiert	Datenvolumenabhängig Auch zeitabhängig möglich
UMTSS		
WLAN	Datenverkehr	Anhängig vom DSL Tarif: Volumenabhängig, Flat Rate oder zeitabhängig

Tabelle 6.1: Kostenaspekte der Übertragungsverfahren

Wireless LAN

Die Einsatzmöglichkeiten unterscheiden sich beträchtlich. *WLAN* ist technisch nichts anderes als die drahtlose Erweiterung eines lokalen Computernetzes. Der Einsatz ist dort sinnvoll, wo die räumlichen Gegebenheiten eine Verlegung von Kabeln nicht ermöglichen. In öffentlichen Räumen wie Flughäfen oder Messen wird WLAN zunehmend mit so genannten Hotspots angeboten. Auch in Krankenhäusern, die sensibel auf Strahlungen reagieren und beispielsweise Handys verbieten, kann man mit WLAN drahtlos kommunizieren. Die angegebenen Übertragungsraten sind immer auf einen Benutzer bezogen. Sind mehrere Nutzer mit dem gleichen *Hotspot* verbunden, so kann die Geschwindigkeit auf weniger als 600 kbit/s absinken.

WLAN wird auch von Netzwerkbetreibern großflächig aufgebaut. Ein sog. *Wisps (Wireless-Internet-Service-Provider)* ist beispielsweise die D2 Vodafone. Die deutschen Autobahnraststätten planen ein solches System flächendeckend aufzubauen.

Neuere Protokolle des Mobilfunks wie *UMTS* werden die Übertragungszeiten in verträgliche Größenordnungen bringen. Mit UTMS sollen dann 2004 auch Videoübertragungen möglich sein, was größere Displays und eine Kamera erfordert. Hiermit könnten dann auch mobile Videokonferenzen möglich sein. Da die räumliche Abdeckung mit UMTS Mobilfunk auf längere Zeit nicht gegeben sein wird, müssen Endgeräte mit automatischen Umschaltmöglichkeiten verwendet werden. Das kompliziert das Handy entsprechend und hat heute noch technische Schwierigkeiten beim Umschalten.

Neue technische Leistungen erfordern neue Endgeräte. Das trifft natürlich auch auf das Handy zu.

Die zukünftige Entwicklung sieht eine Integration von Mobilfunknetzen unterschiedlicher Reichweite vor (Bild 6.7). Damit besteht dann die Möglichkeit, in mehr Ländern als heute mit dem gleichen Mobiltelefon zu telefonieren.

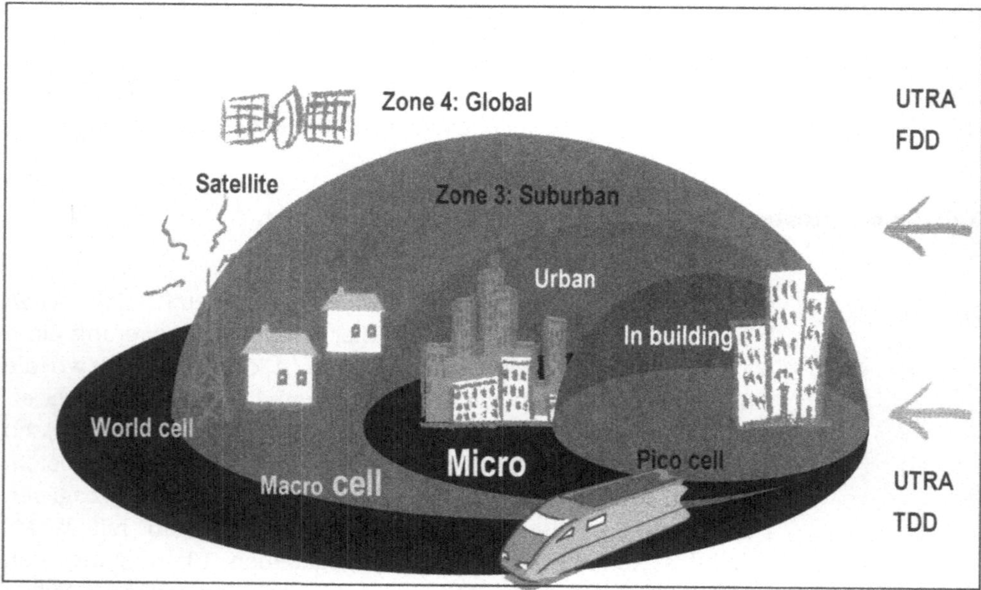

Bild 6.7: Zusammenwachsen der Mobilfunknetze (Siemens)

Die Kosten für eine sinnvolle Datenübertragung basieren auf den Gebühren, die durch die jeweiligen Netzbetreiber erhoben werden. Wir sind daran gewöhnt, dass sich diese Kosten schnell nach unten entwickeln. Bei den neuen Mobilfunkdiensten ist damit nicht zu rechnen, da die extrem hohen Lizenzen wie auch der Aufbau der Infrastruktur abgedeckt werden müssen.

Es ist nicht zu erwarten, dass die große Zahl der privaten Mobilfunkteilnehmer mittelfristig einen wesentlichen finanziellen Beitrag bei der Nutzung neuer Übertragungstechniken leisten wird.

6.5   Die Konvergenz der Netze

Funknetze und Festnetze für Daten und Sprache werden zukünftig zusammenwachsen, wobei die vorhandenen Komponenten stärker integriert werden (Bild 6.8).

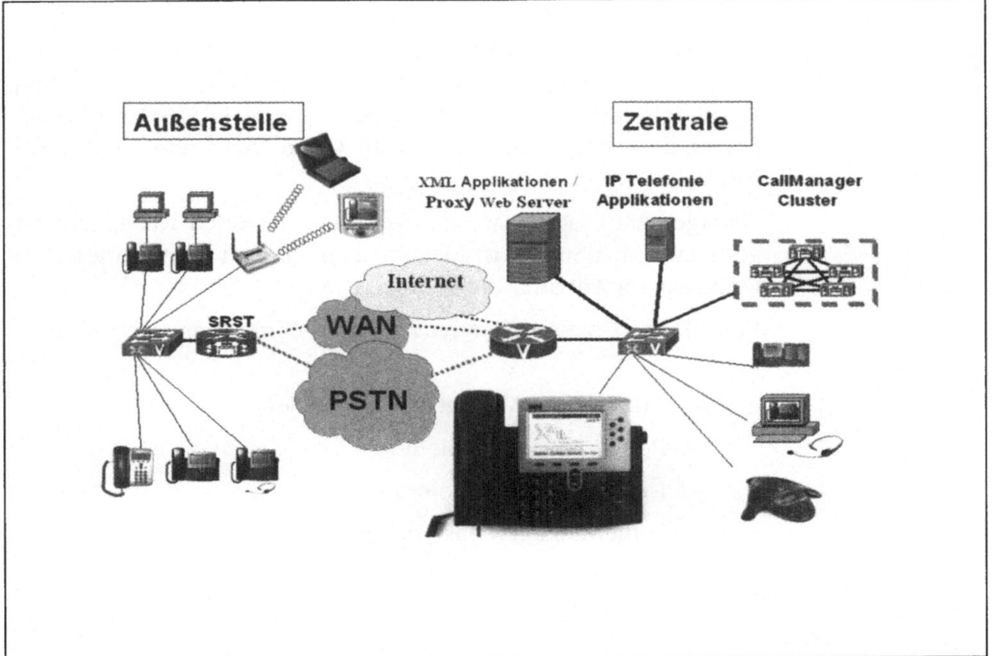

Bild 6.8: Konvergenz der Netze (CISCO)

Die folgenden Netze werden zusammenwachsen:

> Bestehende öffentliche Festnetze auf der Basis von WAN für den Datenverkehr

> Internet

> Bestehende öffentliche Netze für den Sprachverkehr mit *PSTN (Public Service Telefony Network)*

> WAN Zugänge

> Mobilfunk

6.6   Managementsysteme

Ein erheblicher Teil der Kosten eines Kommunikationssystems entsteht durch den Betrieb. Ein Teil davon betrifft die Überwachung einer Vielfalt von Produkten wie Router, Switches, Daten Netzwerke, PCs usw. mit einem aufwändigen Management.

Das Ziel von komplexen *Managementsystemen* ist es, Werkzeuge zur Erleichterung und Sicherung des Betriebes für alle Komponenten von Kommunikationssystemen anzubieten. Sie müssen die Ausfallsicherheit der gesamten für die Kommunikation benötigten Systeme maßgeblich erhöhen und die Verwaltung vereinfachen.

Die Integration mit Produkten verschiedener Hersteller muss abgedeckt sein, sofern sie standardkonforme Schnittstellen haben. Dazu gehören *Umbrella Management Systeme* für die Überwachung des Datenverkehrs wie HP Open View oder IBM Tivoli Net View.

Management Systeme werden von verschiedenen Herstellern angeboten. Ein Beispiel ist Siemens Hipath Meta Management Systems, das im Anhang 2 Infrastruktur, Kapitel 4 beschrieben ist.

Viele Firmen bieten *Managed Network Services* an. Sie umfassen u.a.:

> Aufbau von Management Systemen

> Permanente Optimierung

> Überwachung des Netzes

> Fehlermanagementsysteme usw.

6.7   Produkte für die Sicherheit

Die Bedrohung der Sicherheit erfolgt, wie bereits in Kapitel 4 dargestellt, durch Personen und die eingesetzten Produkte und Verfahren. Dabei sind externe und interne Störquellen zu unterscheiden.

6.7.1   Produkte zur Sicherung des Zugangs und der Übertragung

Die Sicherung von Zugängen und der Übertragung erfolgt heute mit autonomen und damit nicht integrierten Verfahren. Diese sind nicht ausreichend sicher und benötigen einen hohen Aufwand für den Betrieb.

Die *Zugangskontrollen* basieren meist auf Magnetkarten oder magnetischen Schlüsseln. Diese Verfahren sind nicht ausreichend sicher. *Smart Cards* sind Chipkarten mit einem Speicher und einem Prozessor. Damit lassen sich umfangreiche Schlüssel wie auch dialogorientierte Authentisierungsverfahren einsetzen. Da die Schlüssel nicht an ein Gerät gebunden sind, lassen sie sich mobil vielseitig verwenden. Der Nachteil ist, dass bei Verlust auch Unbefugte diese Karte verwenden können. Der Aufwand für die Verwaltung ist relativ hoch. Der Benutzer muss häufig verschiedene Zugangsmedien verwenden.

Biometrische Verfahren

Bei *biometrischen Verfahren* wird der sich Anmeldende anhand seiner persönlichen, unverwechselbaren Merkmale erkannt. Diese können sein: Fingerabdruck, Iris, Gesicht, Sprache. Diese Merkmale sind eindeutig und können nicht verloren gehen. Einer Verbreitung steht heute noch entgegen, dass die Kosten mit 200-500 € p.a. und Nutzer relativ hoch sind und die Verfahren nicht ausreichend fehlertolerant sind.

Die verschlüsselte *Übertragung* erfolgt mit unterschiedlichen Verfahren, da sich bisher kein Standard international durchgesetzt hat. Bei Internetbenutzern wird für E-Mail das Programm *PGP (Pretty Good Privacy)* häufig verwendet; der Arbeitsaufwand für die Übertragung je E-Mail ist jedoch relativ hoch.

Ziel muss es sein, einfache Verfahren für die Zugangskontrolle und die Übertragung einzusetzen. Das bedeutet im ersten Fall, dass der Nutzer sich nur mit einem Schlüssel (*Single-Sign-On*) für alle Anwendungen ausweisen muss. Für die Übertragung bedeutet das die Einführung von Verfahren, die sicher sind, internationalen Standards entsprechen und ohne großen Aufwand zu realisieren sind.

*Public Key
Infrastructure*

Als Konzept für eine umfassende Daten- und Zugangssicherheit wird heute *PKI* (*Public Key Infrastructure*) favorisiert. Der Begriff PKI umfasst alle Produkte, die die Verschlüsselung von Daten und das digitale Signieren ermöglichen. Das Verfahren beruht darauf, dass zum Verschlüsseln einer Nachricht ein anderer Schlüssel verwendet wird als der zum Entschlüsseln. Das PKI umfasst die Verteilung, die Beglaubigung und Sperrung von Schlüsseln sowohl für das Ver- wie auch für das Entschlüsseln. Die Einführung eines PKIs lässt sich nicht allein mit der Beschaffung eines einzelnen Produktes realisieren. Darüber hinaus erfordert sie eine aufwändige Integration mit bestehenden Anwendungssystemen und ggf. anderen Sicherungssystemen, wobei sich häufig Misserfolge eingestellt haben.

*Der Einsatz von
PKI ist kritisch*

Aus der Praxis

„Der Einsatz von PKI Systemen ist aufwändig und führt nicht zwingend zu großen Effekten", sagt der Leiter der Betriebsplanung und Anwenderdienste bei BMW[1]

Wichtig und neu gegenüber den bisherigen Verfahren ist dabei das Einrichten einer zentralen Stelle, dem sog. *Trust Center*, das die Verwaltung gesichert durchführt. Diese Leistung wird von externen Firmen wie der Deutsche Telekom (Telesec) angeboten, was die Neutralität sicherstellt. Trustcenter sind teuer: Nach Angaben von Verisign, einem Anbieter digitaler Zertifikate, sind Kosten in Höhe von 60$ pro PKI Nutzer und Jahr zu erwarten, sofern es ausgelagert wird; wird das intern durchgeführt muss man mit dem Doppelten rechnen.

Mitarbeiter müssen früh einbezogen werden

Wichtig ist auch hier das Einbeziehen der betroffenen Mitarbeiter zu einem frühen Zeitpunkt, da sonst auf Grund der komplexeren Handhabung Akzeptanzprobleme auftreten. Die Vorteile des PKI liegen jedoch auf der Hand: Bestimmte Einschränkungen bezüglich des elektronischen Versendens sensibler Daten entfallen; darüber hinaus ist das Konzept einfacher hinsichtlich der Struktur von Berechtigungen.

---

[1] Der Schlüssel klemmt, Datensicherheit und Zugangskontrolle bei BMW, CIO 10/2003

6.7.2   Sicherung gegen Störungen von außen

Die interne Informationsverarbeitung und Kommunikation ist durch die Öffnung der Datennetze gefährdet. Gegen diese potenziellen Störungen werden verschiedene Produkte und Maßnahmen eingesetzt, von denen einige im Folgenden kurz erläutert werden.

Firewalls

Ein *Firewall* ist eine Kombination aus Hard- und Software, die zwischen externen und internen Netzen eingesetzt wird, um den Datenverkehr zu filtern. Dies erfolgt nach festgelegten Regeln, wodurch Zugriffe in unterschiedlicher Weise behandelt werden. Dazu gehört u.a. die Beschränkung von extern nutzbaren Diensten oder die Durchlässigkeit für nur bestimmte authorisierte Benutzer.

Es gibt dabei verschieden Konzepte. Die sicherste und auch teuerste Lösung ist der *Application Gateway*, wobei der Datenverkehr über einen sog. *Proxy Server* vermittelt wird, der zwischen Sender und Empfänger steht und diese dabei logisch trennt.

Durch das Einrichten einer *Demilitarisierten Zone DMZ* wird der Datenverkehr durch ein separates Netzsegment geführt, das durch zwei Firewalls gegenüber dem externen bzw. dem internen Netz geschützt ist. Hier können korrigierende Maßnahmen veranlasst werden, ohne dass der Datenverkehr im internen Netz davon beeinflusst wird.

Intrusion Detection

IDS Intrusion Detection Systems werden in das interne Netz eingebunden, um Einbruchsversuche von Hackern zu diagnostizieren. Es handelt sich um Angriffe, die entweder vom Firewall nicht erkannt wurden oder durch andere Zugangswege Eingang gefunden haben.

Schutz gegen Viren

Viren-Suchprogramme müssen nicht nur in der Lage sein, Viren zu finden, sondern auch zu identifizieren. Die Suche erfolgt mit dem Scannen von bekannten Byte-Folgen von Viren. Bei neueren Viren müssen zusätzlich auch Störungsmechanismen erkannt werden. Durch die schnelle Produktion von Viren müssen die eingesetzten Virenprogramme häufig aktualisiert werden. Das BSI oder auch Hersteller von Virenprogrammen veröffentlichen ständig den aktuellen Stand der weltweit bekannten Viren.

Es gibt zwei Typen von Programmen für den Schutz gegen Viren:

> *Virensuchprogramme* untersuchen Programme oder Dateien nach Viren. Der Schutz ist besonders dann wirk-

sam, wenn Datenträger vor dem Überspielen überprüft werden, sodass eine Infektion vermieden wird.

> Mit speicherresidenten Virus-Programmen können Virus Überwachungen im laufenden Betrieb durchgeführt werden. Sobald ein Virus entdeckt ist, wird eine entsprechende Meldung am Bildschirm angezeigt und Gegenmaßnahmen werden vorgeschlagen.

Spams

Spam Müll ist heute eine enorme Belastung für die Systeme wie auch für die davon betroffenen Mitarbeiter. Die heute angebotene *Spam Software* ist in der Lage mehr als 90% der Spams zu erkennen und herauszufiltern. Dabei werden die folgenden Maßnahmen eingesetzt:

> Abgleich mit den aktuellen Adresslisten im Internet über Spam Versender

> Abgleich mit voreingestellten „Unworten" wie Sex ggf. in Kombination mit einer Telefonnummer

> Sperren von E-Mails, die nicht von einem E-Mail Server sondern von einem Host kommen

> Sperren von Schriftzeichen wie chinesisch

6.7.3   Sicherung der Übertragung in Netzen

Virtuelle Private Netze VPN

Die *Übertragung in öffentlichen Netzen* ermöglicht es Dritten, auf die Daten zuzugreifen oder sie zumindest zu stören. Der generelle Einsatz eines virtuellen privaten Netzes *VPN* erhöht die Sicherheit, weil die eigenen Daten durch einen virtuellen „Tunnel" übertragen und dadurch geschützt werden.

Speziell für die *Verschlüsselung im WAN* gibt es verschiedene Techniken.

> Eine davon ist *WAN WEP* (Wired Equivalent Privacy). Normalerweise wird ein 40 bit Schlüssel (Standard) verwendet, der nicht ausreichende Sicherheit bietet; es muss hier der 104 bit Schlüssel verwendet werden. Der Vorteil des Verfahrens liegt in der Unabhängigkeit von der Software

> Die Zweite ist die Überprüfung der Authentizität des Absenders. Hierzu gibt es bestimmte Techniken mit einem vorangehenden Dialog.

> Die Dritte ist eine Überprüfung der Daten hinsichtlich ihrer Integrität, ob diese unverfälscht übersandt worden sind.

> Weiterhin gibt es die Möglichkeit, einen temporären VPN für diese Übertragung aufzubauen.

Bei der Verschlüsselung können Probleme mit der eingesetzten Software auftreten, da es keine akzeptierten Standards gibt.

6.7.4 Sicherung von Funkverbindungen

Die Sicherung von Funkverbindungen wird meist überschätzt:

> Die eingesetzten Verschlüsselungssysteme für interne Funknetze reichen häufig nicht aus, den Funkverkehr zu schützen. Ein Beispiel ist das *Equivalent Privacy*. Solche Sicherungsprotokolle können mit Programmen wie Airshot geknackt werden.

> Abhören von WLAN Verbindungen ist besonders bei der Übertragung zwischen Endgerät und Hot Spot kritisch. Verschlüsselungen sind problematisch, da die verabschiedeten Standards Schwächen gezeigt haben, die von Hackern ausgenutzt werden. Bei neueren Standards wie 802.11g, der Datenraten bis 54 Megabit pro Sekunde ermöglicht, fehlt es noch an Erfahrung.

> *WLAN Anwendungen erlauben eine hohe Flexibilität bei der Datenübertragung, sind jedoch kritisch unter Sicherheitsaspekten zu sehen.*

> Für die Anwendung von WLAN ist es wichtig, *illegale Access Points* oder Hot Spots im Unternehmen aufzuspüren. Zum Identifizieren gibt es Werkzeuge wie Sniffer von Networks oder Wireless von Associates

> Vorsicht bei öffentlichen Hot Spots, da diese Übertragung leicht abgehört werden kann. Hier müssen auch gesicherte Übertragungsverfahren eingesetzt werden.

> Es gibt das Verfahren „*Fob*" , bei dem durch das zeitgleiche Erzeugen von Zufallszahlen beim Sender und Empfänger beim Anmelden eine Sicherung erfolgen kann.

6.7.5 Einwahl in Kommunikationssysteme

Für Kommunikationssysteme ist es wichtig, Wartungszugänge daraufhin zu überprüfen, ob sie mit einem Default Passwort (voreingestellt) benutzt werden. Man sollte hier die Beratungsleistung des Herstellers in Anspruch nehmen, damit die Sicherheitsmerkmale der Vermittlung ausgenutzt werden.

6.7.6 Dienstleistungen

Unternehmen bieten zunehmend MSS (*Managed Security Services*) Dienste an, bei denen das gesamte Thema Sicherheit von der externen Firma übernommen wird. Diese Leistung erfordert ein besonderes Vertrauensverhältnis, da damit die gesamten Daten des Unternehmens offen gelegt werden. Diese *Managed Security Services* umfassen:

> Gemeinsames Erarbeiten von Sicherheitskonzepten

> Installieren und Betreiben der notwendigen Produkte

> Regelmäßige Updates von Sicherheitsprodukten

> Erkennen und Berichten von Sicherheitsvorfällen

> Geregeltes Eskalations- und Notfall Management

Man erwartet, dass diese Dienstleitung in den nächsten Jahren enorme Zuwächse haben wird.

7 Wie man die Kosten in den Griff bekommt

Kosten der Kommunikation sind Gemeinkosten und daher schwer zu bändigen. Um sie in den Griff zu bekommen sollte der Manager ein ausreichendes Wissen über die Methoden zur Beurteilung der Investitionen haben.

Dieses Kapitel beschäftigt sich daher mit den Themen:

> Wie entstehen Kosten?

> Methoden zur Bewertung von Investitionsvorhaben bei der Kommunikation

> Vorbereitung von Entscheidungen

> Sinn und Unsinn von Wirtschaftlichkeitsrechnungen

Das Ziel dieses Kapitels ist es nicht nur, Methoden zur Wirtschaftlichkeitsrechnung darzustellen sondern auch pragmatische Vorgehensweisen vorzuschlagen, bei denen mit einem angemessenen Umfang an administrativen Tätigkeiten ausreichende Ergebnisse erzielt werden können.

Verträge haben für die Durchführung von Projekten eine große Bedeutung, denn sie haben auch Auswirkungen auf die Kosten. Deshalb wurden abschließend Grundsätze der Vertragsgestaltung erläutert.

7.1 Wodurch entstehen die Kosten?

Einmalige und laufende Kosten für die Kommunikation haben verschiedene Ursachen, die teilweise überlappt auftreten. Sie entstehen durch

> den Betrieb der Kommunikation

> Technologiewechsel

> Leistungssteigerung

> Kostenoptimierungen

> Forderungen des Managements oder von Anwendern

Darüber hinaus entstehen Kosten, die nicht geplant sind. Sie sind besonders kritisch, da sie sich häufig Entscheidungsprozessen entziehen:

> ➤ Kosten durch nicht abgestimmte Leistungen

> ➤ Folgekosten von eingesetzten Produkten

Die Kosten für die Kommunikation und Informationsverarbeitung können nicht getrennt behandelt werden, da sie zunehmend eng verzahnt sind.

7.1.1   Kostenverursacher

Kosten des Betriebes

Der *Betrieb* hat einen wesentlichen Anteil an den bei der für die Kommunikation zu planenden Kosten. Sie umfassen u.a.

> ➤ Die Kosten der Wartung bestehender Einrichtungen

> ➤ Die Kosten für die Administration

> ➤ Die Kosten der Nutzung externer Systeme und Dienste in öffentlichen Netzen

> ➤ Die Pflege bestehender Software

Hier wird häufig versäumt, regelmäßig die Kosten zu überprüfen, sodass Einsparungspotenziale nicht ausreichend genutzt werden.

Der Wechsel durch neue Technologien ist extern vorgegeben

Der *Technologiewechsel,* wie beispielsweise der Wechsel von Betriebssystemen, ist ein weit gehend extern vorgegebenes Ereignis, das höchstens verzögert werden kann. Die dafür aufzuwendenden Kosten sind praktisch bei einem bestimmten Leistungsumfang unvermeidbar, jedoch mittelfristig planbar. Sie sind häufig nicht beeinflussbar, sofern der Hersteller eine monopolähnliche Stellung hat. Ein Beispiel sind Betriebssysteme von Microsoft. Heute besteht teilweise die Möglichkeit, auf Open Source Produkte zu wechseln, was jedoch auf Grund interner Randbedingungen nicht überbewertet werden sollte.

Leistungssteigerungen betreffen in der Regel zentrale Komponenten. Sie können dazu dienen, die Rechnerkapazität zu erhöhen, die Vermittlungs- oder Übertragungsleistung zu verbessern oder Speicherkapazität zu erhöhen. Bei einem Technologiewechsel sind sie fast immer unvermeidbar.

Kostenreduzierungen bei der Beschaffung sind beim Ablauf eines Vertrages möglich. Dieser Vorteil wird jedoch durch Leistungssteigerungen meistens wieder zu Nichte gemacht.

Anforderungen der Benutzer zeigen ungeplanten Bedarf

Forderungen nach neuen Leistungen des Managements oder anderer Benutzer sind extrem unterschiedlich. Sie können praktisch sämtliche Kostenarten wie Personal, Hardware, Software Lizenzen oder Entwicklungen betreffen. Ein nicht zu unterschätzender Faktor sind Trends, Statussymbole und die Verbesserung des persönlichen Komforts. Das bezieht sich jedoch vorwiegend auf Endgeräte. Wenn ein neues schönes und mit mehr Funktionen ausgestattetes Handy am Markt verfügbar ist, dann besteht für manche die Notwendigkeit, auch ein solches Gerät haben zu müssen.

> *Bei Anforderungen, die sachlich schwer begründbar sind, werden häufig subjektive zu objektiven Begründungen umgestaltet.*

Die Verbesserung des Komforts ist ein subjektiv zu bewertendes Merkmal und bezieht sich in der Regel auf Endgeräte und deren Bedienbarkeit. Die Kosten sind im Rahmen von Produktivitätsmaßnahmen zu bewerten und damit eingrenzbar.

Kosten müssen immer im Zusammenhang gesehen werden

Die einzelnen Kostenverursacher wirken sich auf unterschiedliche Aktivitäten aus (Tabelle 7.1). Planung, Schulung und Produkte der Kommunikation sind beispielsweise immer in einem engen Zusammenhang zu sehen. Ein Teil davon muss mit der Informationsverarbeitung gemeinsam betrachtet werden (grau hinterlegt).

Spezielle Softwareentwicklungen oder –anpassungen sind für die Kommunikation nur begrenzt notwendig. Sie betreffen in der Regel nur die Integration der Kommunikation mit der Informationsverarbeitung. Das know-how wird selten gebraucht und ist sicherlich eher bei externen Dienstleistern zu finden.

> *Bei Projekten ist es wichtig, die Zusammenhänge zwischen den benötigten Ressourcen frühzeitig zu erkennen, um die notwendigen Maßnahmen zu planen. Bei den heute knappen Personalressourcen kann man nicht mit einfachen und schnellen Korrekturen von Fehlplanungen rechnen.*

Kosten von Mitarbeitern

Die *Mitarbeiter* sind ein erheblicher Kostenfaktor, wobei durch das Denken in Planstellen diese Aufwendungen häufig in den Hintergrund treten. Das führt dazu, dass deren Kosten nicht ausreichend einbezogen werden. Es ist wichtig hier eine Personalpolitik zu betreiben, die sicher stellt, dass die notwendigen *Kompetenzen* in der Hand des Unternehmens bleiben.

Außerdem werden Projekte oft nicht ausreichend sorgfältig geplant. Es stellt sich dabei häufig heraus, dass die Fähigkeiten und die zeitliche Verfügbarkeit der eigenen Mitarbeiter überschätzt werden und auch keine Reserven vorhanden sind, um unplanmäßige Verzögerungen aufzufangen.

Kostenverursacher	Ausgelöste Aktivitäten		
	Mitarbeiter	Externe Dienstleister	Produktlieferanten
Betrieb	➤ Administration	➤ Ext. Personal ➤ Externe Services ➤ Software Entwicklung	➤ Software Lizenzen
Technologiewechsel	➤ Planung ➤ Schulung	➤ Projektmanagement ➤ Externe Services ➤ Software Entwicklung	➤ Hardware ➤ Software Lizenzen
Leistungssteigerung	➤ Planung ➤ Schulung	➤ Beratung	➤ Hardware ➤ Software Lizenzen
Anforderungen	➤ Planung ➤ Schulung	➤ Softwareentwicklung	➤ Hardware ➤ Software Lizenzen

Tabelle 7.1: Verursacher von Kosten und Auswirkungen auf Aktivitäten

Externe Dienstleister werden in einer Zeit knapper Mitarbeiter zunehmend gebraucht. Diese Knappheit an Mitarbeitern kann teuer werden, wenn permanent Dienste für die vergleichbare Tätigkeit zu höheren Kosten eingekauft werden müssen.

Bedarf an Dienstleistern

> **Es ist notwendig, die Beschäftigung externer Mitarbeiter im Zusammenhang mit den eigenen Ressourcen insgesamt zu planen und als Teil einer Strategie zu verfolgen.**

Externe Mitarbeiter werden häufig aus zwei Gründen beschäftigt:

> ➢ Fehlende Qualifikation bei den eigenen Mitarbeitern. Ein Beispiel ist ein erfahrenes Projektmanagement

> ➢ Abfangen vorübergehender Belastungen, die eine vorübergehende Personalaufstockung erfordern

Projektmanagement ist immer ein heikles Thema gewesen. Es reicht nicht aus, einen verfügbaren Mitarbeiter für diese Aufgabe zu benennen, wenn größere Aufgaben anstehen. Sofern keine ausreichende Qualifikation zur Verfügung steht, sollte man besser externe Personen mit nachgewiesenen Erfahrungen einsetzen.

Lieferanten

Produktlieferanten sind häufig Firmen, die seit vielen Jahren als Hauslieferant etabliert sind. Dies hat den Vorteil, dass man sich gegenseitig kennt. Der Nachteil besteht in der häufig nicht mehr ausreichend wahrgenommenen Kontrolle und einer nicht mehr ausgenutzten Wettbewerbssituation.

7.1.2   Folgekosten

Kosten können durch nicht abgestimmte Leistungen auftreten. Werden beispielsweise komplexe Anwendungen eingesetzt, die den Anwender überfordern, dann treten Produktivitätsverluste auf, die zu einer totalen Ablehnung des neuen Produktes führen können. Hier hilft nur, die Anwendung frühzeitig den Qualifikationen anzupassen und/oder entsprechende Schulungen durchzuführen. Außerdem sind entsprechende Vorkehrungen beim Helpdesk erforderlich.

Folgekosten sind schwer kalkulierbar

Folgekosten wie Änderung an Software durch neue Technologien beim Wechsel der Hardware sind äußerst problematisch, weil sie häufig nicht umfassend erkannt werden und schwer abschätzbar sind.

> *Es ist außerordentlich wichtig, eine Planung so gründlich durchzuführen, dass unvorhergesehene Folgekosten minimiert werden.*

Es gibt aber noch eine Vielzahl anderer Folgekosten, die jeweils projektspezifisch einzuschätzen sind.

7.2 Bewertungskriterien für Investitionsvorhaben

Der Bedarf an Maßnahmen zur Reduzierung von Kosten ist groß; eine verbreitete Methode ist das Verlangen eines bestimmten *Return-on-Investments* ROI. Manche Lieferanten bieten ihren Klientel dafür atemberaubende Zahlen, um deren Aufmerksamkeit zu erhalten. Aber auch intern lässt sich einiges machen, wenn man sicher sein kann, dass optimistische Aussagen zu einem Projekt später nicht wieder hervorgeholt werden. Und das ist leider meist der Fall.

ROI

ROI- Berechnungen oder andere Wirtschaftlichkeitsbetrachtungen sind bei der Kommunikation nicht unwichtig; sie können jedoch nur ein Entscheidungsparameter unter mehreren sein.

> *Es ist nicht ausreichend, Kosten nur bei der Budgetplanung und bei Investitionsentscheidungen zu betrachten. Sie sind eine permanente Herausforderung, der man sich im Rahmen eines Kostenmanagements ständig stellen muss.*

Die Ergebnisse von Wirtschaftlichkeitsrechnungen sind kritisch

Wirtschaftlichkeitsrechnungen als alleinige Basis für Investitionsentscheidungen bei der Kommunikation zu verwenden, ist in mehrfacher Hinsicht problematisch:

> ➢ Die Ergebnisse von Wirtschaftlichkeitsrechnungen gaukeln eine Entscheidungssicherheit vor, die selten vorhanden ist. Solche Rechnungen sind bei Projekten der Kommunikation besonders zweifelhaft und sollten nur dort vorgenommen werden, wo sie tatsächlich machbar sind.

> ➤ Andere wichtige Bewertungskriterien fallen unter den Tisch, obwohl sie eine wesentlich höhere Bedeutung haben können.

> ➤ Wirtschaftlichkeitsrechnungen können gegenüber anderen für die Entscheidung wichtigen Kriterien einen zu hohen administrativen Aufwand erfordern.

Es ist wichtig, dass der Aufwand für die Wirtschaftlichkeitsrechnung in einem vernünftigen Verhältnis zu der Verwendbarkeit der Ergebnisse steht. Die nachfolgenden Ausführungen zeigen Wege auf, Investitionen nach verschiedenen Verfahren pragmatisch zu beurteilen und damit den Aufwand zu minimieren.

Bessere Entscheidungen zu einzelnen IuK-Investitionen erreicht man dadurch, dass man Entscheidungen methodisch und damit systematisch vorbereitet, angemessen durchführt und kontrolliert.

Die Systematik sollte unterschiedlich nach Aufgabenkomplexen oder der Art der Investitionen entwickelt werden.

Die Systematik für das Kostenmanagement bei IuK- Investitionen ist auf Grund des hohen und wachsenden Kostenvolumens unternehmensspezifisch festzulegen. Was und wie viel man macht ist Ansichtssache, jedoch ist die nachhaltige Einhaltung der festgelegten Methoden durch das Management sicherzustellen.

7.3   Kostenanalyse

7.3.1   Der Weg

Die *Anwendung einer Systematik* beim Vorgehen erspart Aufwand. Die Vorbereitung einer Entscheidung umfasst drei Stufen:

1. Festlegen des von der Investition betroffenen Kostenspektrums. Das *Kostenspektrum* muss präzise sein. Es soll aufzeigen, welche zusätzlichen Kosten außerhalb der geplanten Investition entstehen können. Es sind technische und organisatorische Aspekte zu berücksichtigen.

2. Die *Klassifizierung* ist die Basis für weitere Maßnahmen Durch sie werden die Methoden für die Beurteilung der Investition festgelegt, die eine sachgerechte Entscheidung ermöglichen sollen. Das kann dazu führen, dass für eine bestimmtes Projekt keine weiteren Untersuchungen durchgeführt werden.

3. Die *Bewertung der Ergebnisse* soll eine Orientierung nach verschiedenen Maßstäben ermöglichen. Dabei steht die Reduzierung des administrativen Aufwandes im Vordergrund:

   o   Untersuchung des unternehmerischen Nutzens

   o   Ggf. Festlegen von Wirtschaftlichkeitsrechnungen

   o   Kostenvergleiche verschiedener Lösungsmöglichkeiten

7.3.2   Kostenspektrum

Beispiele im Vergleich

Es ist für die Planung und als Basis der Kostenrechnung wichtig, das betroffene Produkt- und damit Kostenspektrum festzulegen. Die jeweiligen Abhängigkeiten sind vorab festzustellen.

> *Die Basis für eine solide Kostenrechnung ist die präzise Beschreibung des betroffenen Produkt- und Dienstleitungsspektrums, da sonst ungeplante Folgekosten auftreten.*

Im Zusammenhang mit Investitionen ergeben sich Aktivitäten, die auf jeden Fall berücksichtigt werden müssen, denn sie verursachen Kosten: Für neue *Anwendungen* müssen fast immer Schulungen oder Informationsveranstaltungen zwingend durchgeführt werden, damit keine Ängste bei Mitarbeitern ausgelöst werden, wodurch eine Akzeptanz ausbleibt. Alle Benutzer sollen

Schulungen sind wichtig

die gleichen Startbedingungen haben und nicht Zeit von Kollegen durch individuelle Nachfragen (Hey Joe-Effekt) in Anspruch nehmen.

Für die Darstellung der übergreifenden Zusammenhänge wurden 3 Beispiele gewählt (Tabelle 7.2):

> ➤ Austausch einer TK-Anlage durch ein Kommunikationssystem mit konventionellen Leistungsmerkmalen (1)

> ➤ Verbesserung der Kundenschnittstelle durch einen Netzbetreiber mit einer einheitlichen Rufnummer aller Standorte des Unternehmens und einem separaten kostengünstigen Firmennetz für Sprache (2)

> ➤ Installation eines Kommunikationssystems mit allen modernen Anwendungen der Kommunikation (3). Hier müssen Mitarbeiter gegebenenfalls anders zugeordnet werden, um eine optimale Erfüllung einer neuen Aufgabenteilung sicherzustellen. Das trifft insbesondere für ein ServiceCenter zu, wo Anfragen sofort in der ersten Ebene mit qualifizierten Ansprechpartnern nach Möglichkeit bearbeitet und erledigt werden sollen.

Produktbe-reich	Produkt	Projekt			Bedarf			Bemerkung
		1	2	3	Schulung	Personal Ka-pazität	Externe Dienstleister	
Endgeräte	Telefon							Integration der Endgeräte bei 3.
	PC							
Anwendungen	Voice-Mail				x			Anderes Kommunikationsverhalten
	UMS				x		x	Neue Anwendung
	CTI				x		x	Neue Anwendungen /Software Entwicklung
	Contact Center				x	x		Kritisch ist die Aufgabenverlagerung.
Anwendungen	Helpdesk							Erfordert CTI
	Arbeits-platz				x			Betrifft die Behandlung von Anrufen im Besetzt- oder Abwesenheitsfall
TK-Anlage								Oder Kommunikationssystem
Host	CTI				x		x	
Interne Infrastruktur	Zentrale Administration				x			
Netzbetreiber	Einheitliche Rufnummer							
	Corporate Network							
	Dienstleistungen							Können interne Helpdesk Aktivitäten ersetzen

Tabelle 7.2: Übersicht über Zusammenhänge von Investitionen bei der Beschaffung

Externe Dienstleister sollten immer dann eingesetzt werden, wenn spezifisches Wissen nur zeitweise benötigt wird. Das trifft besonders für den Fall 3 zu, wo schon die Konzeption des Gesamtsystems von externen Spezialisten durchgeführt werden muss.

7.3.3   Klassifizierung

Die Beurteilung der Investitionsentscheidungen des Projektes muss nach sinnvollen Kriterien durchgeführt werden. Eine *Klassifizierung* erfolgt dabei nach zwei Gesichtspunkten:

> ➤ Nach der Bedeutung der Investition für das Unternehmen

> ➤ Nach dem Typ der Investition, d.h. ob sie einen Ersatz darstellt oder eine Erweiterung des bisherigen Leistungsumfangs

Bedeutung der Investition

Prioritäten legen die Bedeutung der Investition fest

Die Bedeutung ist in Prioritäten darzustellen (Tabelle 7.3). Nach der Priorität richtet sich u.a. der Aufwand für die Vorbereitung der Investitionsentscheidung. Es macht keinen Sinn, wenn große oder bedeutende Investitionen nach dem gleichen Schema behandelt werden wie kleine oder unbedeutende.

> *Bei der Planung muss man davon ausgehen, dass bei Aufgaben, bei denen wenig oder keine Erfahrungen vorliegen, sich die als realistischen eingeschätzten Kosten in der Regel als zu optimistisch erweisen und deshalb die Risken höher sind, als angenommen.*

Die Bildung von *Prioritäten* ist firmenspezifisch zu sehen. Diese können beispielsweise differenziert werden nach:

> ➤ der Höhe der mit dem Projekt verbundenen Kosten

> ➤ nach dem erkennbaren Risiko bei der Realisierung. Entscheidend ist hier, ob das mit der Entscheidung angestrebte Ziel auch tatsächlich erreicht werden kann.

> ➤ nach den Auswirkungen auf die unternehmerischen Ziele

Risikofaktor	Behandlung
A	Sind mehrere der Faktoren hoch einzuschätzen, dann sind besondere Methoden zur Beurteilung der Investition erforderlich: ➤ Beurteilung nach unternehmerischen Zielen ➤ Wirtschaftlichkeitsrechnungen Dieses Projekt sollte während seiner Laufzeit kontrolliert werden. In diesem Projekt ist nach den Regeln des Projektmanagements zu arbeiten. Das bedeutet u.a., dass ein qualifizierter Projektmanager das Projekt kontrolliert und über den Fortschritt berichtet.
B	Ist einer der Faktoren hoch, dann ist ein Projekt nach den unter A genannten Methoden zu behandeln, jedoch mit einem geringeren Umfang.
C	Sind alle Faktoren gering einzuschätzen, dann sollte man die Investition mit anderen zusammenfassen und sich auf Kostenvergleiche verschiedener Anbieter beschränken.

Tabelle 7.3: Bildung der Prioritäten von Projekten

Typen von Investition

Die Möglichkeiten einer sinnvollen Beurteilung richten sich nach dem Typ der Investition.

„Wie Investitionen"

Die einfachste Form der Entscheidung ergibt sich dann, wenn Ersatzinvestitionen vorgenommen werden. Hier sind in der Regel Kosteneinsparungen zu erwarten oder zusätzliche Kosten sind durch klar erkennbare Leistungsanforderungen erklärbar. Diese sog. *„Wie Investitionen"* betreffen Projekte, deren Notwendigkeit unumstritten ist. Es ist nur die Frage, wer sie durchführt. Hierzu gehören:

➤ Investitionen für einen Technologiewechsel; hier ist meistens nur der Zeitpunkt wählbar

➤ Ausgaben für die Wartung; hier ist der Leistungsumfang im Sinne eines *Service Level Agreements SLA* wie auch der Lieferant diskutabel

> Kommunikationskosten; hier ist der Netzbetreiber wählbar. Dabei kann auch der unterschiedliche Leistungsumfang eine Rolle spielen.

> Personalaufwendungen für operative Aufgaben; hier ist entscheidend, ob die Tätigkeiten als Kernkompetenz mit eigenen oder ggf. mit externen Mitarbeitern durchgeführt werden sollen.

Wirtschaftlichkeitsrechnungen oder Untersuchungen hinsichtlich der Unterstützung unternehmerischer Ziele sind dabei selten notwendig, sofern ausschließlich Ersatzinvestitionen zur Diskussion stehen.

„Ob und Wie" Investitionen

Schwieriger wird es, wenn neue Verfahren wie E-Mail oder Intranet oder darauf aufsetzende Anwendungen eingesetzt werden sollen. Diese *„ob und wie"* Investitionen sind komplexer. Von großer Bedeutung ist, sie auf die unternehmerischen Ziele zu projizieren oder sie von ihnen abzuleiten. J. Maindl[1] sagt dazu: „..IT-Experten und Business Owners setzen sich zusammen, erarbeiten ein Business Case, definieren das Nutzenprofil und klopfen dann beim Vorstand an, um das Projekt zu verkaufen". Hier zeigt sich deutlich, dass die enge Verbindung von unternehmerischem Nutzen und Entscheidungen für die IuK zunehmend erkannt wurde.

Solche Entscheidungen betreffen hauptsächlich:

> Neue Anwendungen der Kommunikation wie Service Center

> Umstellung auf neue komplexe Technologien wie die Zusammenlegung von Sprach- und Datenübertragung

> Verknüpfung der Kommunikation mit Geschäftsprozessen

ROI Aussagen werden missbraucht

Hier werden Kosten/Nutzen Analysen eingesetzt, die sehr schnell zu spekulativen Bewertungen führen können. Kennzahlen wie die Größe des Return-on-Investment (in %) oder Amortisierung nach x Monate/Jahren werden gerne missbraucht. Sie dienen entweder zur Abwehr von Investitionsanträgen oder deren Genehmigung auf Grund spekulativer Aussagen. Wichtig ist, dass solche Kennzahlen transparent und nachprüfbar sind.

---

[1] J. Maindl, IT Chef BMW, CW Extra 11/01

7.4   Wirtschaftlichkeitsrechnungen

7.4.1   Einordnung von Wirtschaftlichkeitsrechnungen

Wirtschaftlichkeitsrechnungen lassen sich sowohl für die gesamte Kommunikation des Unternehmens wie auch für Teilbereiche mit definierten Anwendungen durchführen. Die Ergebnisse dieser Berechnungen müssen immer im Zusammenhang mit den quantitativen Aussagen zum Nutzen der Investition, insbesondere im Hinblick auf die unternehmerischen Ziele gesehen werden. Die Alternativen sind in Tabelle 7.4 dargestellt.

Investition	Beispiele für Produkte	Schwerpunkte der Bewertung			Bemerkung
		Unternehmerische Ziele	Wirtschaftlichkeitsrechnung	Nur Kostenvergleich	
Austausch von Produkten gleicher Leistung	TK-Anlage				
	Telefon				
	PC				
Neue Technologie	Kommunikationssysteme				Ersetzt oder migriert die TK-Anlage durch neue Technologien wie VoIP
Anwendungen	Voice-Mail				**Sind immer wirtschaftlich**
	UMS				
	CTI				
	Communication Center				
	Helpdesk				
Anwendungen	Anrufabwicklung				Am Arbeitsplatz
Interne Infrastruktur	Redundanz				Sicherheit ist nur in Ausnahmefällen wirtschaftlich messbar

Investition	Beispiele für Produkte	Schwerpunkte der Bewertung			Bemerkung
		Unternehmerische Ziele	Wirtschaftlichkeitsrechnung	Nur Kostenvergleich	
	VoIP				
	Zentrale Administration				
Netzbetreiber	Einheitliche Rufnummer				
	Corporate Network				
	Dienstleistungen mit Servicerufnummern				Alternativ zu internen Lösungen

Tabelle 7.4: Möglichkeiten der Beurteilung von Investitionen bei der Kommunikation

Ergebnis:

- ➢ Kostenvergleiche allein sind selten sinnvoll

- ➢ Kostenvergleiche setzen identische Leistungen voraus und müssen das gesamte zur Entscheidung anstehende Spektrum abdecken

- ➢ Unternehmensziele sind fast immer zu berücksichtigen, wenn die Projekte eine ausreichende Priorität haben

- ➢ Wirtschaftlichkeitsrechnungen sind aufwändig; sie sollten nur dort durchgeführt werden, wo sie einen Nutzen für die Entscheidung bringen und verfolgbar sind. Manche der Anwendungen sind per se wirtschaftlich

Die richtige Zuordnung von Beurteilungsmethoden zu Projekten ist die Grundvoraussetzung für eine wirtschaftliche Entscheidungsvorbereitung.

7.4.2   Unternehmensorientierte Wirtschaftlichkeitsrechnung

*Wirtschaftlich-
keitsrechungen
von Firmen*

Die Hersteller von Kommunikationssystemen verfügen teilweise über Verfahren mit denen die Wirtschaftlichkeit bei dem Einsatz ihrer Produkte ermittelt werden kann. Die folgenden Ausführungen basieren auf Einsatz des Siemens Tools *HiPath Business Case Builder*, eines komplexen und leistungsfähigen Systems zur umfassenden Berechnung des wirtschaftlichen Nutzens.

Die Ziele der Wirtschaftlichkeitsrechnung

Für potenzielle Ziele wurde der durch Wirtschaftlichkeitsrechnungen messbare Nutzen für den Einsatz von Siemens HiPath in Tabelle 7.5. in Auszügen dargestellt.

*Business Case
builder*

Das Verfahren Hipath Business Case Builder

Das eingesetzte Verfahren läuft in verschiedenen Schritten ab:

1. Auswahl der Lösung ausgerichtet an dem Kundengeschäftsprozess

2. Anlegen des Projektes mit Lösung und Kalkulationsdatum

3. Erfassen der spezifischen Daten des Kunden (Teilnehmer, Arbeitszeit u.a), Festlegen des Verbesserungspotenzials und Darstellung des ökonomischen Mehrwerts

4. Erzeugen des Kunden Business Reports

5. Option: Überprüfung der prognostizierten Ergebnisse in Abständen

Zielobjekt	Messbarer Nutzen
Niedrigere Netz-Betriebskosten	Einsatz eines Netzes für Sprach- und Datenübertragung ➢ Kosten für Netzzugang ➢ Eliminieren öffentlicher Festverbindungen
Effizientere Administration der Netzebene	Verringerung des Konfigurationsaufwandes bei MAC-Vorgängen (MAC-Moves, Adds and Changes)
Optimierte Netzleistungen	Bessere Identifizierung überschüssiger Amtsleitungen und von Engpässen
Investitionsschutz bei Endgeräten	Einsatz von modularen Endgeräten, die mittelfristig an neue Anforderungen angepasst werden können. Ein Beispiel ist der Anschluss von anderen Endgeräten durch eine USB-Schnittstelle

Zielobjekt	Messbarer Nutzen
Kostenreduzierung im Contact Center	Verringerung der Administrationskosten durch ➢ Einsatz eines Standardsimulators ➢ Managementtools wie Berichtswesen Reduzierung der Personalkosten durch ➢ Einsatz der Multimedia Integration von Sprache, E-Mail, FAX, SMS ➢ Integration von Datenbanken
Höhere Produktivität durch Unified Messaging Lösung	Einfache und effiziente Übersicht und Auswahl von eingegangenen Nachrichten auf dem PC und Nutzung eingebundener CTI Lösungen
Einsatz eines zentralen Verzeichnisses (Meta Directory)	➢ Reduzierung des Administrationsaufwandes ➢ Reduzierung des Entwicklungsaufwandes für eigene Lösungen ➢ Effiziente und gesicherte Vergabe von Berechtigungen (Single-Sign-on)

Tabelle 7.5: Beispiele von qualifierbarem Nutzen (Quelle Siemens)

Das Ergebnis

Für das jeweils betrachtete Vorhaben werden auf nachfolgende Fragen die folgenden Aussagen gemacht:

➢ Was sind die operativen Vorteile der Lösung?

➢ Wie ist der wirtschaftliche Einfluss auf das Unternehmen?

➢ Wie hoch sind die Gesamtkosten der Lösung?

➢ Ist die Lösung auf die Geschäftsziele ausgerichtet ?

➢ Welche Auswirkungen in wirtschaftlicher Hinsicht bestehen, wenn nicht in diese Lösung investiert wird ?

➢ Wie hoch ist der Return-on–Investment?

Die Darstellung erfolgt entsprechend dem jeweiligen Geschäftsmodell des Kunden und zeigt die betriebswirtschaftlichen Kennzahlen: Gesamtkosten TCO, Gesamtnutzen TBO, ROI, Amortisierung, Kapitalwert usw. sowie finanzielle Risiken anhand von Best Case und Worst Case Rechnungen (Bild 7.1).

	Bester Fall	Normalfall	Schlechtester Fall
ROI	1.115,37%	474,39%	106,22%
Amortisationszeit	9 Monate	16 Monate	36 Monate
Kapitalwert	€ 1.536.333	€ 612.264	€ 81.474
Interner Zinsfuss	350%	129%	31%
* Mehrwert / Geschäftswertbeitrag	€ 2.461.497	€ 1.007.119	€ 171.724
* Risiko des Investitionverzichts	€ 0,00	€ 0,00	€ 0,00
* TBO (Total Benefit of Ownership)	€ 4.444.862	€ 2.020.898	€ 628.573
* TCO (Total Cost of Ownership)	€ (226.900)	€ (226.900)	€ (226.900)
* Kumulierter Cash Flow	€ 2.530.777	€ 1.076.399	€ 241.004

Bild 7.1: Ergebnisdarstellung HiPath Business Case Builder* (Auszug, Quelle Siemens)

* Hinweis: Für diesen Business Case wurde ein Kalkulationszinsfuss von 16,00%, Kapitalkosten von 16,00% sowie ein Steuersatz von 40,00% zu Grunde gelegt.

** Hinweis: Die obigen Angaben repräsentieren die kumulativen Werte für einen 6-Jahres-Zeitraum.

Beispiele ausgewählter Projekte von Ergebnissen mit HiPath Business Case Builder (Quelle Siemens)

Firma 1 : Mittelständiges Unternehmen:

Ziel: Kostensenkung der Netzinfrastruktur und Administration, Erhöhung der Mitarbeiterproduktivität, Umsatzerhöhung durch maximale Systemverfügbarkeit.

Lösungen: Konvergenz der Kommunikationsinfrastruktur (Netzmanagement u.a.) und ein Unified Messaging System,

Ergebnis der Wirtschaftlichkeitsbetrachtung über 5 Jahre:
ROI von über 300%, Amortisierung von ca. einem Jahr;
TCO ca.1 Mio. US Dollar, TBO über 5 Mio. US Dollar

Firma 2 : Reiseunternehmen mit ca. 80 Agenten

<u>Ziel</u>: Reduzierung der Administration/ Kommunikationsinfrastruktur und andere Betriebskosten sowie Steigerung der Effektivität und Produktivität im Contact Center. Erhöhung der Kundenzufriedenheit.

<u>Lösungen</u>: Neue Applikation für das Contact Center.

<u>Ergebnis der Wirtschaftlichkeitsbetrachtung über 3 Jahre</u>: ROI von über 220%, Amortisierung innerhalb eines Jahres; TCO ca. 300.000 US Dollar, TBO ca. 1,6 Mio. US Dollar

Firma 3 : Unternehmen mit einer Vertriebsniederlassung von ca. 190 Mitarbeitern

<u>Ziel</u>: Reduzierung der Betriebsaufwendungen und Einsparung von Immobilienkosten sowie Steigerung der Produktivität der Vertriebsmitarbeiter.

<u>Lösung</u>: Neue VoIP Kommunikationsinfrastruktur, Netzmanagement und Desk-Sharing Applikation.

<u>Ergebnis der Wirtschaftlichkeitsbetrachtung über 5 Jahre</u>: Sofortige Einsparung von ca. 500.000 € pro Jahr unter Berücksichtigung aller Aufwendungen. Nach Ablauf der 5-jährigen Finanzierung Einsparungen von ca. 1 Mio. € pro Jahr.

7.5   Wirtschaftlichkeit einzelner Anwendungen

Kenntnisse über die Wirtschaftlichkeit von Anwendungen bei neuen Technologien der Kommunikation sind nicht ausreichend verbreitet, da sich Entscheidungen bisher mehr oder weniger auf die Kosten für die Beschaffung und den Betrieb konzentrieren.

7.5.1   Wirtschaftlichkeit von Voice Mail

Wie bereits beschrieben, ist Voice Mail ein monologorientiertes Kommunikationsverfahren, bei dem Sprachnachrichten in einer Voice-Mail Box abgelegt, ggf. redigiert und an einen oder verschiedene Adressaten geschickt werden können.

Kosteneinsparungen bei Voice Mail ergeben sich durch Zeiteinsparungen bei Mitarbeitern und durch die Reduzierung von Kommunikationskosten:

Zeiteinsparungen

- ➤ Wegfall von schriftlichen Mitteilungen
- ➤ Wegfall von redundanten Gesprächsteilen
- ➤ Wegfall von vergeblichen Wählversuchen
- ➤ Einfaches Weiterleiten von erhaltenen Nachrichten
- ➤ Wegfall von Bereitschaftsdiensten im Büro
- ➤ Geringere Störungen durch eine Verringerung der Telefonanrufe

Kommunikationskosten

- ➤ Kürzere Mitteilungen und damit kurze Verbindungszeiten
- ➤ Wegfall des Wartens bis der Teilnehmer sich meldet
- ➤ Abholen von vorliegenden Nachrichten zu gebührengünstigen Zeiten
- ➤ Aussenden von Nachrichten an Telefonteilnehmer zu gebührengünstigen Zeiten

Dem stehen die heute geringen Kosten für die Beschaffung und den Betrieb der entsprechenden Software wie auch für die Schulung gegenüber.

Die Wirtschaftlichkeit hängt maßgeblich von den folgenden Faktoren ab:

- ➤ Anzahl der Teilnehmer mit Voice Mail
- ➤ Häufigkeit des Telefonverkehrs (Anzahl der Telefongespräche pro Tag)
- ➤ Durchschnittliche Dauer der Telefongespräche
- ➤ Struktur des Telefonverkehrs: Je stärker der Anteil von teuren Verbindungen (Zeitpunkt, Entfernung, Tarif) ist, umso größer sind die Einsparungen
- ➤ Anteil der mit Voice Mail durchgeführten Kommunikation

Der Einsatz von Voice-Mail ist extrem wirtschaftlich

Die Einsparungen ergeben sich aus einer Kombination von Faktoren. Sie sind in der Regel sehr hoch. Das Folgende Beispiel soll das demonstrieren (Tabelle 7.6). *Annahmen wurden kursiv gesetzt.*

AT Anzahl der Teilnehmer	*100*
ATT Anzahl der Telefongespräche pro Tag je Tn.	*10*
DD Durchschnittliche Dauer eines Gespräches	*30 sec*
SG Struktur der Gespräche	*80% in D, 20 % Ausland*
AN Anteil der mit Voice-Mail durchgeführten Kommunikation	*20%*
RE Reduzierung der Zeitdauer eines Gespräches durch Voice- Mail	*50%*
Kosten Inlandgespräch	9,2 cents pro Min.
Kosten Auslandsgespräch	13 cents pro Min.
ET Einsparung an Telefonzeit pro Tag und Mitarbeiter (ET= ATTx ANxDDxRE)	10x0,2x30x0,5 = 30 sec= 0,5 min
Einsparung an Telefonzeiten pro Jahr für alle Mitarbeiter (220 Tage), (ATx220xET)	100x220x0,5= 11.000 min = 183 Stdn.
Einsparung an Personalkosten (Kosten pro Std. 50 €)	183 x 50 /Stdn= 9.150 p.a.
Einsparung an Gebühren Inland Ausland	11000x0,8x 9,2cents= 809 p.a. 11000x0,2x13= 286
Einsparungen gesamt	**10.245 p.a. €**
Kosten 8 Kanäle + Einbau* ca. 4.500 € Wartungskosten p.a. 960 € .* Administration p.a. 0,1 Stdn. pro Tag 1100 €	
Kosten p.a. (Abschreibung 33 1/3% + lauf. Kosten)	**3.560 €p.a.**
Reduzierung der Kosten	**6.685 €p.a. !!**

* Kosten lt. Siemens AG

Tabelle 7.6: Wirtschaftlichkeit von Voice Mail Systemen

Dieses hervorragende Ergebnis wurde erzielt, obwohl die angenommen Zahlen sehr konservativ sind.

Bei 200 Mitarbeitern mit einer ähnlichen Nutzung steigen die Einsparungen um 100%, wogegen die Kosten bei 24 Kanälen nur um 80% steigen. Eine weitere moderate Erhöhung der Mitarbeiterzahl würde die Kosten konstant lassen.

> **Die Wirtschaftlichkeit von Voice-Mail ist so hoch, dass man sich eine Wirtschaftlichkeitsrechnung ersparen kann. Wichtig und entscheidend ist jedoch, das die Mitarbeiter dieses Verfahren als nützlich akzeptieren und motiviert sind, es anzuwenden.**

7.5.2 Wirtschaftlichkeit vom Mobilen Büro (Unified Messaging)

Das Folgende Beispiel vergleicht die Kosten für die parallele Nutzung verschiedener Kommunikationsendgeräte wie Telefon, Fax, PC mit Unified Messaging Systemen. Bei diesen wird über den PC die gesamte monologorientierte Kommunikation abgewickelt. Das bedeutet u.a., dass alle eingehenden Nachrichten wie E-Mail, Voice-Mail oder Fax am Bildschirm angezeigt werden und über eine jeweils spezielle Benutzerführung aufgerufen und gesteuert werden können. Bei Voice-Mail wird das dazugehörige Telefon automatisch angewählt.

Die Nachrichten können auch von unterwegs abgehört werden.

Die Einsparungen müssen unter verschiedenen Arbeitsbedingungen gesehen werden:

> ➢ Arbeiten im Büro
>
> ➢ Arbeiten unterwegs

Beim Arbeiten im Büro stehen normalerweise eine Vielzahl von Endgeräten zu Verfügung, deren Gebrauch vertraut ist. Untersucht wurden in Laborversuchen[2] Nutzer, die E-Mail, Voice - Mail und Fax empfangen haben.

Können alle gesendeten Nachrichten in einer gemeinsamen Oberfläche angezeigt werden, dann braucht der Anwender we-

---

[2] AVT/COMgroup Study 2000

sentlich weniger Zeit, um die Nachricht zu empfangen bzw. zu lesen, da er den Überblick über alle hat. Die benötigte Zeit am Arbeitsplatz war 3 Minuten gegenüber 6 Minuten bei konventionellen Kommunikationsverfahren. Das bedeutet eine Einsparung von ca. 50% an Arbeitszeit für diese Tätigkeit. Die Einsparung ermöglicht somit eine beachtliche Erhöhung der Produktivität der betroffenen Mitarbeiter.

Beim Zugriff auf Informationen von unterwegs mit dem gleichen Spektrum   werden nur 5 Minuten gegenüber 17 Minuten benötigt.

UMS senkt den Aufwand

Die Wirtschaftlichkeit von UMS (Tabelle 7.7) hängt von den folgenden Einflussgrößen ab:

> Die Kosten für Unified Messaging Systeme sind abhängig von der Anzahl der Benutzer und der Leistungsfähigkeit dieser Systeme.

> Einsparung an Arbeitszeit (abhängig von dem Anteil der lokalen und der vom Büro entfernt verbrachten Arbeitszeit)

	Am Arbeitsplatz	Unterwegs	Summe €
Anzahl der Mitarbeiter	180	20	200
Zeiteinsparung (h/Tag) pro Mitarbeiter	0,25	0,4	
Kosten pro Stunde €	12	25	
Gesamte Einsparungen pro Tag *€*	540	200	740
Einsparung p.a. (x220)			**162.800**
Investitionskosten des Systems (250€ pro Platz)	45000	5000	50.000
Laufende Kosten p.a (Wartung, Administration 20%)			10.000
Kosten p.a. (33 1/3)			**26.000**
Reduzierung der Kosten p.a.			**136.800**

* Kosten pro Stunde wurden bewusst niedrig gewählt

Tabelle 7.7 : Wirtschaftlichkeit von Unified Messaging (angelehnt an AVT/COMgroup Study)

Die Studie verwendet Kosten von $ 100 bis 250 pro Arbeitsplatz. Andere Studien [3] kommen auf Kosten in Höhe von $ 500 pro Arbeitsplatz.

Diese Kosteneinsparungen lassen sich im normalen Betrieb nicht nachvollziehen, da das Kommunikationsverhalten der Mitarbeiter nicht gemessen wird.

7.5.3   Wirtschaftlichkeit von VoIP

Die Wirtschaftlichkeit der Zusammenlegung der internen Daten- und Sprachnetze sowie der Vermittlungssysteme ist firmenspezifisch. Sie hängt weit gehend von den Kosten ab, die für die Verbesserung des Datennetzes aufgewendet werden müssen, um die für die Sprachübertragung notwendige Qualität zu erreichen.

Kostenvergleiche für Neubauten zeigen sehr deutlich eine hohe *Wirtschaftlichkeit für VoIP Lösungen*, weil nur eine Verkabelung verlegt werden muss und die Wartungskosten für nur ein Netz beträchtlich sinken. Spätere Kosten für das Einrichten eines neuen Anschlusses bei einem einzelnen Umzug sind praktisch vernachlässigbar gegenüber den heutigen Kosten von ca. 100 €.

Bei bestehenden Anlagen mit unterschiedlichen Verkabelungen für Daten und Sprache ist eine Erweiterung des bestehenden Kommunikationssystems mit VoIP möglicherweise die wirtschaftlichste Lösung.

Zusätzliche Kosten für neue Systeme mit einer anderen Technologie entstehen durch Schulung der Benutzer und der Administratoren.

7.5.4   Wo Wirtschaftlichkeitsrechungen keinen Sinn machen

Einige Anwendungen wie Unified Messaging und Voice-Mail sind so wirtschaftlich, dass sich kein Aufwand für eine Wirtschaftlichkeitsbetrachtung lohnt. Andere Produkte werden gebraucht, weil sie heute zum Kommunikationsumfang eines Unternehmens gehören. Dazu gehört beispielsweise E-Mail.

Es gibt auch Verfahren, die Wirtschaftlichkeit für die Sicherheitsausrüstung zu bewerten. Hier sollte man sich gut überlegen, ob die Eingangsdaten nicht so spekulativ sind, dass sich jeder Aufwand erübrigt.

---

[3] ConBer Studie

7.6   Maßnahmen zur Verbesserung der Kostensituation

Kosten dürfen und sollten nicht nur bei Budgetverhandlungen oder bei Investitionen betrachtet werden. Es gibt viele Möglichkeiten, sie laufend zu reduzieren oder die Investitionen besser auszunutzen. Möglichkeiten hierfür gibt es durch

> ➢ personelle Maßnahmen,

> ➢ organisatorische Maßnahmen, die auch die Verfolgung der für die Entscheidung verwendeten Daten einschließt.

Kommunikationsverhalten ist der Schlüssel

Die Änderung des Kommunikationsverhaltens der Mitarbeiter ist ein äußerst wichtiger, wenn auch besonders schwieriger Aspekt. Das Wissen um die Vor- und Nachteile der einzelnen Medien und Übertragungsverfahren sind zu schulen und sollten sukzessive verinnerlicht werden.

Das bedeutet im Einzelnen:

> ➢ Telefondialog nur dann, wenn unbedingt erforderlich. Damit geringerer Aufwand bei der Kommunikation

> ➢ Keine Störungen des Anderen, wenn nicht notwendig

> ➢ Speicherung von wichtigen Informationen, um Missverständnisse zu vermeiden

Die Kommunikationsverhalten sollte in einer Kommunikationscharta unternehmensspezifisch festgelegt werden (s. Kapitel 9 „Kommunikation richtig planen").

Diese Änderung im Verhalten kann nur erfolgen, wenn über einen längeren Zeitraum das Kommunikationsverhalten trainiert wird. Manager müssen mit ihrem Verhalten mit gutem Beispiel vorangehen.

Aus der Praxis

Einer unserer Vertriebsleiter sollte Voice-Mail Systeme vermarkten, was ihm nicht gelang. Ein wesentlicher Grund hierfür war, dass er das System selber nicht benutzte. Seine Mailbox war immer noch sein Sekretariat!

Eine optimale Kommunikation wird nur dann erreicht, wenn alle sich an bestimmte Regeln halten und diese die Bedürfnisse aller am Prozess Beteiligten berücksichtigen. Um den Störpegel bei der Kommunikation, entweder durch das Telefonieren oder durch unnötige E-Mails auf ein vernünftiges Maß zu reduzieren, sollte das Verhalten eines Anwenders so sein, wie er es sich von Anderen wünscht.

> *Kommunikation ist seit jeher eine Angelegenheit einer mehr oder weniger großen Gruppe oder Gemeinschaft gewesen; sie wird aber meistens betrieben nach den Regeln eines Einzelnen.*

Eine *Begrenzung der Kommunikation* kann durch verschiedene organisatorische Maßnahmen versucht werden. Eine davon ist die Festlegung der maximalen Größe von Verteilern. Eine andere ist die Erarbeitung von Standardprofilen über das Kommunikationsverhalten bestimmter Funktionsgruppen. Sie können dazu dienen, die betreffenden Mitarbeiter auf ein bestimmtes Zielverhalten hinzuleiten.

Organisatorische Maßnahmen sind notwendig

Die *Standardisierung* von Hard- und Software erlaubt den gezielten Einsatz von Leistungsmerkmalen für bestimmte Benutzergruppen, die Reduzierung von Wartungs- und Unterstützungsleistungen wie Helpdesk und eine wirtschaftliche Schulung. Eine erfolgreiche Standardisierung setzt eine zentrale Genehmigung und Durchführung von Beschaffungen voraus.

Eine wichtige organisatorische Maßnahme ist die Verfolgung der für wichtige Investitionsentscheidungen verwendeten Daten über die angenommene Laufzeit des Projektes. Dazu müssen die verwendeten Daten überprüfbar sein.

Aus der Praxis

Ich habe einmal bei einem bekannten amerikanischen DV-Unternehmen gearbeitet, bei dem ich verbindliche Kostenschätzungen über die Fertigung von Produkten abgeben musste, um in Konkurrenz zu anderen internen Stellen den Auftrag zu bekommen. Nachdem wir nun den Auftrag erhalten hatten, wurden die Prognosen für die Kosten jedes Jahr bei den Budgetverhandlungen hervorgeholt und lediglich um die Inflationsrate korrigiert.

7.7   Ausschreibungen und Verträge

Richtige *Verträge* sind in einer Zeit, da extrem viel mit externen Firmen zusammengearbeitet wird und, aus Gründen der knappen Personalressourcen, zusammengearbeitet werden muss, eine wichtige Komponente für den Erfolg.

Verträge sind der Leitfaden der Zusammenarbeit mit Lieferanten

Aufgabe der Vertragsgestaltung ist, die unternehmerischen Vorgaben interessengerecht in detaillierte Regelungen umzusetzen. Nur wenn diese Integration bzw. Umsetzung adäquat erfolgt, kann der Vertrag seinen Zweck erfüllen, beiden Seiten als praktischer Leitfaden für die Umsetzung des Projektes zu dienen und Vorsorge für den Fall zu treffen, dass die Leistung nicht wie vereinbart erbracht wurde.

Für die Kommunikation ist die individuelle Vertragsgestaltung insbesondere auf solchen Gebieten unerlässlich, wo spezielle Lösungen notwendig sind. Viele der Beschaffungsmaßnahmen unterliegen meist vertraglichen Standards, an denen man nur dann etwas ändern kann, wenn ein entsprechendes Beschaffungsvolumen dahinter steht.

Verträge sollten nach zwei gleichwertigen und eng verzahnten Gesichtspunkten erarbeitet werden:

> ➢ der unternehmerischen Komponente, bei der das Ziel des Vertrages sowie die wesentlichen Elemente der Leistungserbringung und Leistungskontrolle und die Sanktionen im Falle mangelhafter Leistungen festgelegt werden,

> ➢ der juristischen Komponente, die eine möglichst eindeutige vertragliche Umsetzung der unternehmerischen Ziele beinhaltet, bei der die rechtlichen Rahmenbedingungen wie Fragen der Gewährleitung oder Strafen bei Verzug geregelt werden.

> *Die unternehmerische Komponente steht am Anfang; sie wird häufig aus Zeitgründen zu wenig beachtet, sodass die rechtliche Vertragsgestaltung schwer durchzuführen ist.*

Die am Beispiel beschriebenen unternehmerischen Aktivitäten sind sehr umfangreich, weswegen die notwendigen personellen

Resourcen sichergestellt sein müssen. Besonders wichtig ist es hierbei, die Leistungsbeschreibung und Leistungskontrolle als eine integrierte Einheit zu sehen. Abnahmevoraussetzungen und -modalitäten des in Auftrag gegebenen Produktes sind von Anfang an möglichst genau festzulegen und bei Veränderungen der Leistung während des Projektablaufs zu justieren.

Es ist nicht sinnvoll, Verträge so zu verhandeln, dass der Lieferant keine Freude mehr an dem Projekt hat. Er wird versuchen, seine Nachteile im Laufe des Projektes in irgend einer Form auszugleichen.

Beschaffungen bestimmter öffentlicher Auftraggeber unterliegen gesetzlichen bzw. Verwaltungsvorschriften, wonach prinzipiell *Ausschreibungen* bei Vorliegen festgelegter Auftragsgrößen durchzuführen sind.

Ausschreibungen bieten jedoch auch generell Vorteile. Abgesehen davon, dass die Wettbewerbssituation ausgenutzt werden kann, geben die Anbieter auch häufig Hinweise auf bisher nicht beachtete Lösungsmöglichkeiten. Diese können betreffen:

➢ Produkteigenschaften

➢ Lösung von Übergangsproblemen

➢ Produktzusammenhänge

Aus Gründen der Fairness sollte man jedoch die Lieferanten nur zur Abgabe eines Angebots auffordern, wenn der Lieferant tatsächlich noch nicht feststeht.

8   Wie kommuniziert man heute in Unternehmen?

Eine neue, auf die Unternehmensziele ausgerichtete Kommunikation kann nur aus der im Unternehmen vorhandenen Situation entwickelt werden. Es ist daher notwendig, das Sie das Spektrum der Einflussgrößen für eine Neukonzeption der Kommunikation kennen (Bild 8.1) und kritisch bewerten können.

In diesem Kapitel wird die Situation der Kommunikation in einem Unternehmen beschrieben; das schon ein optimales Kommunikationskonzept hat. In einem typischen Unternehmen wird sich das anders darstellen!

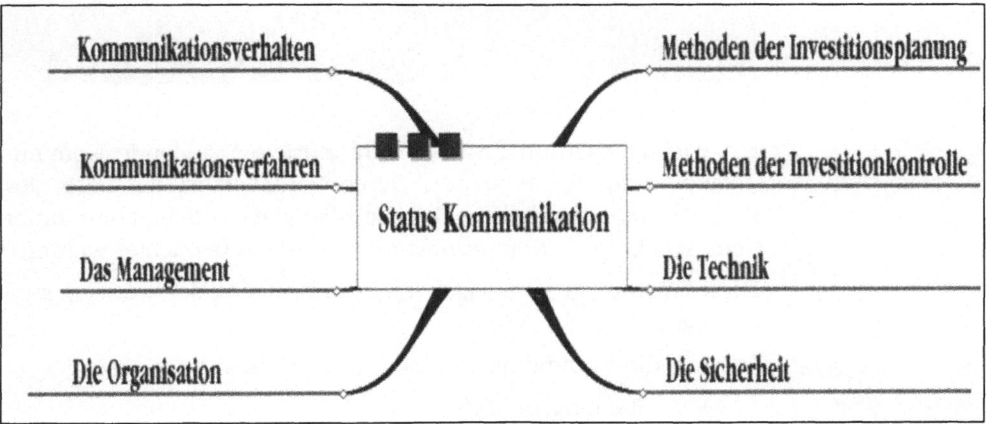

Abbildung 8.1: Faktoren für die Beurteilung der Ausgangssituation eines Unternehmens

Die meisten dieser Einflussfaktoren gelten auch für andersartige Projekte eines Unternehmens; alle sind jedoch bedeutend für den optimalen Einsatz der Kommunikation. Spezifische Ausprägungen gibt es bei diesen Überlegungen durch das Kommunikationsverhalten und der Technik.

8.1   Kommunikationsverhalten

Das Kommunikationsverhalten von Mitarbeitern in einem Unternehmen kann danach beurteilt werden, ob es effizient und effektiv ist.

Effizienz bedeutet dabei, dass die Information präzise, klar und unmissverständlich ist. Dazu gehört auch, dass das Erzeugen der Nachricht mit einem angemessenen Aufwand erfolgt.

Die *Effektivität* des Informationsaustausches bedeutet die Orientierung an dem Empfänger der Nachricht. Was will ich mit der Kommunikation erreichen? Wie wird der Empfänger reagieren?

> *Effektivität und Effizienz der Kommunikation sind in der Regel unzureichend. Sie sind Stiefkinder, deren Existenz nicht ausreichend wahrgenommen wird. Es macht keinen Sinn, moderne Kommunikationsverfahren einzusetzen, wenn das Grundverständnis für eine sinnvolle Kommunikation fehlt.*

Ein wichtiger Grund für eine nicht zufrieden stellende Kommunikation sind die *Menschen*. Deren Verhalten ist die Basis des Erfolges. Ihre persönliche Leistungsfähigkeit soll hier nur unter dem Aspekt ihres *Kommunikationsverhaltens* betrachtet werden.

Dieses Verhalten kann nach Tagesform mehr oder weniger ausgeprägt sein:

Die persönlichen Eigenschaften prägen die Kommunikation

Sich auf die Kommunikation negativ auswirkend:

➤ Mitteilungsbedürfnis

➤ Redundanter oder unwichtiger Informationsaustausch

➤ Profilierungssucht

➤ Absicherung

➤ Spielbedürfnis

➤ Rachebedürfnis

➤ Beharrung auf dem bisherigen Verhalten u.a.

Sich auf die Kommunikation positiv auswirkend:

➢ Sachlichkeit

➢ Disziplin

➢ Überlegtes Handeln

➢ Angemessene Ausdrucksweise

> **Das Bewusstsein für eine optimale Kommunikation ist leider gar nicht oder nur selten vorhanden. Dementsprechend wirken bei der Kommunikation persönlich orientierte Verhaltensweisen.**

Nicht betrachtet wird hier die Nutzung der Kommunikation in Unternehmen zu privaten Zwecken. Die private Nutzung von E-Mail ist sicher groß; sie wird jedoch nicht die des Internet erreichen. Zahlen aus den USA und auch aus Deutschland zeigen, dass es nicht ungewöhnlich ist, wenn 50 % der On-Line Aktivitäten für private Zwecke verwendet werden.

Beurteilungskriterien für die Ausgangssituation beim Kommunikationsverhalten:

Das Bewusstsein für die Kommunikation ist eine Schlüsselfrage

➢ Das Unternehmen hat Ziele für das Kommunikationsverhalten im Sinne einer Kommunikations-Charta

    o Es gibt Kriterien für den Einsatz bestimmter Kommunikationsverfahren

    o Es gibt Festlegungen über das Nutzen der Verfahren; ein Beispiel ist die Verwendung von Verteilern bei E-Mail.

    o Die Schulungsmaßnahmen für die Kommunikation werden regelmäßig abgehalten und umfassen

    o Die Vor- und Nachteile von Kommunikationsverfahren sind bekannt

    o Kommunikationsverfahren werden richtig angewendet

    o Kommunikationsprofile für einzelne Funktionsgruppen sind erstellt

> ➢ Externe Kommunikationspartner werden über das Kommunikationsverhalten der Firma befragt

> ➢ Das Kommunikationsverhalten wird überprüft; Mitarbeiter werden angehalten, sich an entsprechende Vereinbarungen zu halten

> ➢ Die private Nutzung ist eingeschänkt

8.2   Kommunikationsverfahren und Anwendungen

Moderne Kommunikationsverfahren werden uneffizient eingesetzt, weil das Bewusstsein für eine vernünftige Nutzung fehlt. Ein Beispiel für solche mangelhafte Effizienz ist die Flut von E-Mails, die sich nach der Installation solcher Systeme entwickelt. Ein anderes Beispiel ist das Fehlen des Einsatzes von Voice-Mail.

Es ist die Frage, wie *Kommunikationsverfahren* in einem Unternehmen verwendet werden. Das sollte man schätzen, da eine firmenspezifische Analyse zu aufwändig wäre. Man kann ohnehin davon ausgehen, dass hier ein immenses Verbesserungspotenzial vorliegt.

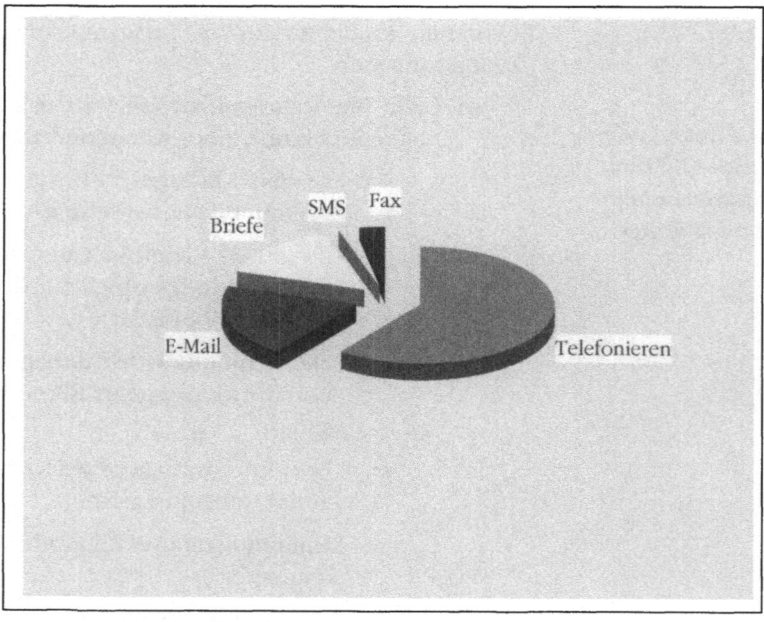

Bild 8.2: Beispiel für die Verteilung bei der Nutzung von Kommunikationsverfahren

Das Beispiel in Bild 8.2 zeigt, dass ein Großteil der Kommunikation mit dem Telefon erfolgt. Das ist zwar unproduktiv, passt jedoch zu einem spontanen und dabei häufig unüberlegten Kommunikationsverhalten. Dieses Bild entspricht wohl am meisten der Realität in den Unternehmen.

Telefonieren ist führend bei der Kommunikation

E-Mail hat heute schon eine starke Position, die sicher weiter ausgebaut wird. Die Kommunikation ist jedoch nicht schnell genug: Nach Angaben von Jupiter Research werden ein Drittel der empfangenen Mails erst nach mehr als 3 Tagen beantwortet.

Voice Mail Systeme werden in Deutschland kaum eingesetzt, da man daran gewöhnt ist, das Telefon ausschließlich im Dialog zu verwenden.

> *Die Einführung moderner Kommunikationsverfahren erfolgt nicht auf Grund des Bedarfs, sondern nach dem technologischem Angebot. Dementsprechend erfolgt keine Optimierung, die den Bedürfnissen des Unternehmens entspricht.*

Anwendungen wie Unified Messaging, Service Center o.ä. erfordern teilweise erhebliche organisatorische und technische Vorarbeiten.

Einige Beurteilungskriterien für die Ausgangssituation bei der Verfügbarkeit von Kommunikationsverfahren und Anwendungen:

> ➤ Der Bedarf an Kommunikationsverfahren und –anwendungen wurde ermittelt und umgesetzt

> ➤ Diese Verfahren oder Anwendungen wurden u.a. mit Schulungen systematisch eingeführt

> ➤ Akzeptanzprobleme wurden ausgeräumt

> ➤ Die Endgeräte wurden entsprechend der Anwendungen optimiert (Unified Messaging u.a)

> ➤ Die Kundenschnittstelle wurde systematisch optimiert

> ➤ Es werden Verfahren zur Analyse und Optimierung des Kommunikationsverhaltens eingesetzt.

8.3   Das Management

Die Planung und das regelmäßiges Justieren von Kommunikationssystemen ist eine umfassende, kostenintensive und andauernde Aufgabe.

> *Ein Mangel vieler Unternehmen ist das Fehlen eines uniformen Managementbewusstseins. Der Grund dafür ist u.a. sicherlich in einer fehlenden firmenorientierten Ausbildung zu finden. Dies hat zur Folge, dass wichtige Themen von Managern unterschiedlich bewertet und unterstützt werden.*

Es kommt entscheidend darauf an, dass das *Management* diese Aufgabe nachhaltig wahrnimmt. Ein wesentliches Problem ist dabei, dass dieses Thema nicht als Führungsaufgabe gesehen wird. Manager sehen ihre Aufgabe häufig zu stark operativ, sodass generell konzeptionelle Überlegungen zu stark in den Hintergrund treten. Eine notwendige Voraussetzung wäre dafür ein *Zeitmanagement*, das den dafür notwendigen Zeitrahmen schafft.

Einige Beurteilungskriterien für die Ausgangssituation beim Management:

Das Management entscheidet über das Durchsetzen von Konzepten

➢ Es gibt ein Kommunikationskonzept

➢ Das Konzept ist von den strategischen Zielen abgeleitet

➢ Die Führungskräfte unterstützen das Konzept rückhaltlos

➢ Die Führungskräfte kommunizieren beispielhaft

➢ Die Führungskräfte arbeiten ausreichend konzeptionell

➢ Sie wirken überzeugend auf ihre Mitarbeiter ein, die Kommunikation wichtig zu nehmen

8.4   Die Organisation

Die *Organisation* der Informations- und der Kommunikationstechnologie entwickelten sich getrennt; gemeinsam war beiden Bereichen, dass die Manager wie auch die Mitarbeiter technisch orientiert waren.

Durch den Wechsel der Orientierung von funktionalen zu geschäftsprozessorientierten Verfahren wurde erkannt, aber nicht ausreichend umgesetzt, dass die Informations- und Kommunikationstechnologie zusammen betrachtet werden müssen.

> *Die meisten Unternehmen haben ein Zusammenführen der Informations- und Kommunikationstechnologie nicht oder nur auf dem Papier vollzogen und nutzen damit nicht das integrative Potenzial beider Technologien für die Optimierung der Geschäftsprozesse.*

Die Organisation der IuK ist nicht zielgerichtet

Eine zunehmende Zahl von Firmen hat inzwischen die Datenverarbeitung und Nachrichtentechnik zusammengefasst; das muss nicht viel bedeuten, da sich möglicherweise die Trennung nur eine Ebene nach unten verlagert. In vielen Unternehmen führen Aufgaben im Zusammenhang mit dem Telefonieren wie z.B. die Telefonvermittlung ein wichtiges, aber weniger beachtetes Dasein als Teil der Hausverwaltung.

Die komplexen DV-Verarbeitungssysteme, heute noch zusätzlich durch ebenso komplexe interne und externe Übertragungsnetze in ihrer Komplexität verstärkt, haben verschiedene Auswirkungen gehabt:

> ➢ Die DV-Abteilungen sind technisch geprägt. Die betriebswirtschaftliche Software zwingt sie jedoch, sich mit Anwendungen auseinander zu setzen.

> ➢ Die Unternehmenskultur sieht diesen Bereich als Dienstleister und nicht als wesentlichen Faktor für die Erfüllung der unternehmerischen Ziele.

> ➢ Die Anforderungen an diesen Dienstleister sind teilweise durch das Wissen des Anwenders bestimmt. Nur wenn er über gute Kenntnisse der für sein Arbeitsgebiet am Markt verfügbaren Produkte hat, kann er diese anfordern und damit seine Arbeit optimieren.

Ähnliches gilt auch teilweise für die Nachrichtentechnik. Sie war ausschließlich technisch orientiert, hatte jedoch immer da Probleme, wo es über die Technik hinausgeht und die Anwendung im Vordergrund steht.

Die Nachrichtentechnik war in der Vergangenheit primär auf die Sprache und auf technisch davon ableitbare Produkte wie Fax ausgerichtet.

> *Die Nachrichtentechnik hat wegen ihrer starken Verbreitung eine hohe Bedeutung für die Kommunikation; sie ist jedoch in ihrer Leistungsfähigkeit begrenzt durch die Größe und Funktionalität ihrer Endgeräte.*

Größere Firmen haben einen *CIO* (Central Information Officer), der seine Aufgabe meistens auf dem Gebiet der Datenverarbeitung sieht. Für die Wirksamkeit seiner Tätigkeit ist es von entscheidender Bedeutung, ob er in die operativen Aktivitäten integriert ist oder nur als beratende Stabsstelle fungiert.

Die Aufgaben eines CIOs können je nach Unternehmen sehr unterschiedlich gesehen werden: Einerseits ist er der Visionär, andererseits kann er den IT Betrieb operational steuern. Im ersten Fall wird es daneben noch einen IT Direktor geben. Da die meisten der CIOs ehemalige Führungskräfte der Datenverarbeitung sind, betreiben sie auch primär oder ausschließlich das Geschäft der Informationsverarbeitung.

Nach Angaben von CIO Insight sind mehr als 60% der CIOs technisch orientiert !

Die Aufgabe des CIO kann wie folgt beschrieben werden:

CIOs oder Manager mit ähnlichen Aufgaben müssen unternehmerisch denken

➢ Mitarbeit an Geschäftsvisionen und –strategien

➢ IuK Leistungen von den Unternehmenszielen ableiten und abgleichen

➢ Neue Techniken in Anwendungen und Prozesse einbringen, Trends erkennen

➢ Anwendungen standardisieren

➢ Infrastruktur hinsichtlich Sicherheit und Reaktionsgeschwindigkeit optimieren

In den USA ist eine visionäre Rolle weitaus häufiger üblich als in Europa. In der Regel ist dort diese Position auf der obersten Managementebene angesiedelt.

Zur Stellung des CIO sagt Susan Unger, CIO Daimler-Chrysler in 2002[1]: „Ein CIO muss das Business des Unternehmens verstehen, also wissen, worauf die Konzernstrategie ausgerichtet ist. Mein Team und ich versuchen, die Ziele und Anforderungen der verschiedenen Unternehmensbereiche unserer Kunden zu verstehen".

Einige Beurteilungskriterien für die Ausgangssituation bei der Organisation:

> Die Leitung der Informationsverarbeitung und Kommunikation ist in einer Hand

> Diese Funktion ist Teil der Geschäftsleitung oder dieser direkt unterstellt

> Der Leiter der IuK wirkt bei wichtigen Geschäftsentscheidungen mit und spielt nicht in der zweiten Liga

> Der Betrieb der Informations- und Kommunikationstechnologie ist integriert

> Das betroffene Management ist unternehmerisch und nicht ausschließlich technisch orientiert

> Methoden der Entscheidungsfindung sind festgelegt und werden eingehalten

> Annahmen für Entscheidungen werden nachhaltig verfolgt

> Die IuK ist ein aktiver operativer Bereich und kein Dienstleiter, der nur reagiert

---

[1] Computerwoche 31/2002

8.5   Wie werden Entscheidungen gefällt?

Bei Investitionsentscheidungen stehen die Kosten im Vordergrund, insbesondere dann, wenn die Wirtschaftlage schlecht ist. *Kostenmanagement* hat ein gutes Image; dabei wird übersehen, dass

Entscheidungen konzentrieren sich zu sehr auf die Beschaffung

> häufig nur ein Teil der Kosten betrachtet wird. Der Fokus liegt meist auf der Beschaffung und schon zu wenig auf dem Betrieb; beide sind scheinbar wirtschaftlich gut zu beurteilen, machen jedoch nur einen begrenzten Anteil der Gesamtkosten aus. Personalkosten werden häufig nur dann berücksichtigt, wenn sie extern eingekauft werden.

> der qualitative Nutzen nicht berücksichtigt wird. Gerade in der Kommunikation ist dieser Anteil sehr hoch. Denken Sie an Produktivitätsgewinne bei Mitarbeitern oder an den Kostenvorteil, Kunden zu behalten statt neu akquirieren zu müssen.

Eine Orientierung der Entscheidung allein an Ergebnissen von Investitionsrechnungen zeigt vielfach eine Überbewertung des Glaubens an Zahlen. Allein auf Zahlen basierende Ergebnisse führen in der Regel zum Wettbewerb zwischen rivalisierenden Projekten. Dabei kann durch das Geschick des Antragstellers mit geschönten Zahlen, überzogenen Erwartungen hinsichtlich der Bedeutung des Projektes oder einer ausreichende Lobbyarbeit ein Erfolg erzielt werden.

Unbeachtet sind in der Regel Kosten, die aus Gründen der nicht optimierten Anwendung entstehen. Beispiele hierfür sind:

> Der Einsatz von Anwendungen, die Mitarbeiter selten nutzen sowie unzureichende Schulungen führen zu teuren, aber nicht erkennbaren Unterstützungsleistungen des Kollegen (*„Hey Joe" Effekt*)

> Langes und unkontrolliertes Aufheben von gesendeten oder empfangenen Nachrichten haben den unnötigen Ausbau von Speicherkapazitäten zur Folge

> Unnötige Kommunikation, d.h. zu häufiges und zu langes Kommunizieren, führt zu einem hohem Bedarf an Übertragungsleistungen

Bild 8.3 zeigt, dass der Einfluss von Kosten des Betriebes und der Mitarbeiter bei Investitionen der Kommunikation dominiert.

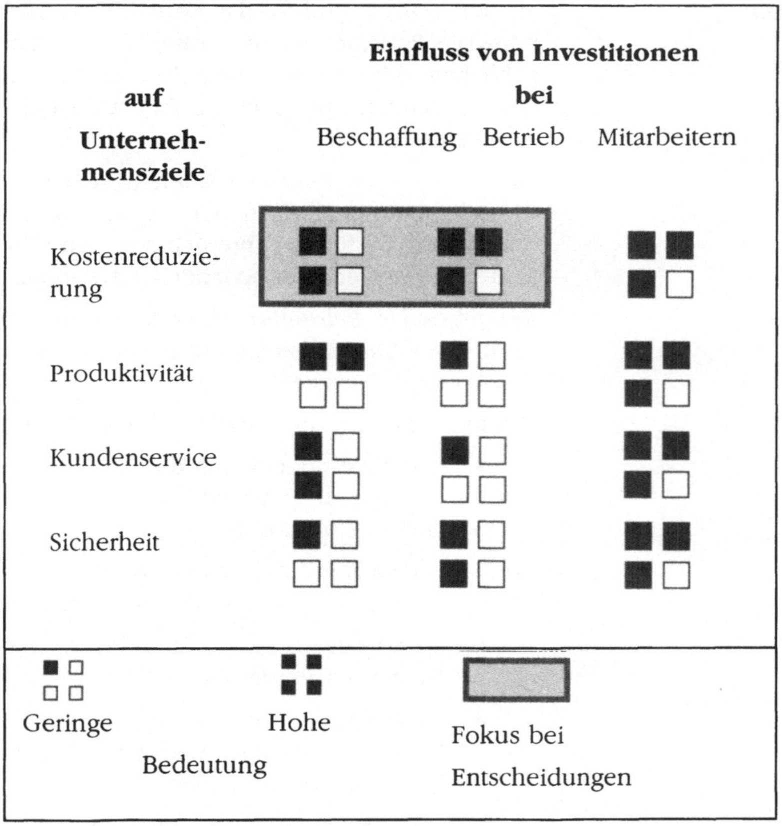

Bild 8.3: Beispiel für die Auswirkung der Kosten auf die Unternehmensziele

Bei der Entscheidung für Investitionen sind die Kriterien nicht ausgewogen und decken daher nicht alle unternehmerisch wichtigen Aspekte ab. In Summe gesehen verteilen sich die Einflüsse relativ gleichmäßig auf alle Unternehmensziele, jedoch wird das bei Entscheidungen nicht ausreichend berücksichtigt.

Verfahren müssen eingehalten werden

Ein weiteres nicht ausschließlich auf Kommunikation bezogenes Faktum ist die nicht immer ausreichende Disziplin bei der Behandlung von Investitionsvorhaben. Vorschriften werden häufig als bürokratisch und für das Vorhaben als nicht geeignet angesehen. Die Projekte stehen darüber hinaus meist unter einem angeblichen oder tatsächlichen Zeitdruck, sodass man Entscheidungen schnell und ohne großen Aufwand glaubt durchziehen zu müssen.

Die handelnden Personen können sich nur schwer vorstellen, dass die Entscheidungen der Informations- und Kommunikationstechnologie für ihr Unternehmen von sehr großer Bedeutung sind und entsprechend behandelt werden müssen.

Die folgenden Beurteilungskriterien werden durch die Beschreibung eines Unternehmens mit einem umfassenden Kommunikationskonzept dargestellt.

Optimaler Einsatz von *Methoden* bei einem Unternehmen:

> ➢ Die Investitionen für die Kommunikationen orientieren sich neben Wirtschaftlichkeitsüberlegungen auch an den Unternehmenszielen

> ➢ Die wesentlichen Investitionen werden einzeln und nicht als Teil der Gemeinkostenumlage genehmigt

> ➢ So weit als möglich stehen die Anwendungen und deren Nutzen im Vordergrund

> ➢ Es werden Entscheidungsmethoden eingesetzt, die eine Differenzierung der Vorhaben nach Investitionsvolumen, Prioritäten o.ä. erlauben.

> ➢ Die Entscheider sind ausreichend sachlich kompetent, um für das Thema Kommunikation Entscheidungen fällen zu können.

8.6   Wie werden Entscheidungen kontrolliert ?

Die *Kontrolle von Zielen* für wesentliche Investitionsentscheidungen ist von eminenter Bedeutung. Sie muss sich auf den Lebenszyklus der Investition beziehen und alle für die Entscheidung relevanten Parameter beinhalten. Das wird in der Regel nicht gemacht; damit eröffnet man optimistischen Prognosen bei der Investitionsvorlage Tür und Tor!

> *Die nachhaltige Kontrolle von Investitionsentscheidungen ist von größter Bedeutung für eine Planung, die auf realistischen Annahmen beruhen soll.*

Aus der Praxis

In einem Unternehmen der Informationstechnologie war es bei den Kaufleuten üblich, Entwicklungsvorhaben ausschließlich nach wirtschaftlichen Gesichtspunkten zu beurteilen. Entsprechend wurden Marktdaten und potenzielle Verkäufe solange nach oben korrigiert, bis sie das gewünschte Ergebnis brachten. Als ein neuer dynamischer Controller antrat, stellte er fest, dass die Addition der laufenden Projekte ein Vielfaches des realistischen Umsatze für das laufende Jahr ergab. Da die Planungskontrolle nicht geändert wurde, blieb diese Erkenntnis ohne Folgen.

Optimales Kontrollieren von Investitionen in einem Unternehmen:

> ➢ Wesentliche Investitionsentscheidungen werden nachhaltig kontrolliert

> ➢ Es gibt persönlich Verantwortliche für Investitionsvorhaben, die für längere Zeit die Verantwortung tragen

> ➢ Prognosen werden akkumuliert betrachtet

> ➢ Abweichungen von den Planungen werden systematisch bearbeitet und für neue Planungen verwertet

8.7 Die Technik

Die beschriebene Trennung von Nachrichtentechnik und Datenverarbeitung hatte in technischer Hinsicht Konsequenzen; sie führte zu zwei unterschiedlichen innovativen Entwicklungsrichtungen für die Kommunikation:

> ➢ Auf Grund der Leistungsfähigkeit der Netze und Endgeräte hat die Datenverarbeitung neue Kommunikationsverfahren wie E-Mail entwickelt und umfassend eingeführt.

> ➤ die Nachrichtentechnik hat Qualitätsmaßstäbe hinsicht-
> lich Standardisierung und der Ausfallsicherheit gesetzt

> ➤ Die technische Entwicklung beider Richtungen war be-
> fruchtend für die Entwicklung leitungsfähiger Kommuni-
> kationsnetze

Die Nachteile für den Anwender sind jedoch erheblich:

> ➤ Hohe Kosten durch unterschiedliche Endgeräte, unter-
> schiedliche Systeme und Netze.

> ➤ Die Endgeräte der Kommunikation sind von der An-
> wendung unterschiedlich und teilweise auch räumlich
> getrennt aufgestellt. Drucker und Fax werden häufig für
> mehrere Personen verwendet.

Darüber hinaus sind Endgeräte häufig aus Kostengründen unterschiedlich alt, was zu hohen Wartungskosten und ggf. zu Leis-
tungseinschränkungen bei den Mitarbeitern führen kann.

> *Die technische Ausrüstung für die Kommunikation ent-
> spricht in der Regel häufig nicht den Möglichkeiten, die die
> heutige Technologie anbietet.*

Optimale Technik in einem Unternehmen:

> ➤ Das technische Konzept für die Kommunikations- und
> Informationstechnologie ist aufeinander abgestimmt

> ➤ Die eingesetzten Produkte sind technologisch gleichwer-
> tig

> ➤ Es gibt eine Standardisierung der Produkte

> ➤ Endgeräte und Netze sind integriert

> ➤ Die Kenntnisse über eine Integration sind vorhanden

8.8   Sicherheit

Die Sicherheitssituation in den Unternehmen wird durch verschiedene Aspekte geprägt:

> ➢ Durch das mangelhafte Bewusstsein des Managements und der Mitarbeiter für diese Probleme

> ➢ Durch die vorhandene und zunehmende Komplexität der angewendeten Informations- und Kommunikationssysteme und damit der Beeinträchtigung ihrer Ausfallsicherheit

> ➢ Durch die Öffnung der Übertragungsnetze nach außen

Bewusstseinsbildung gegen Missbrauch ist wichtig

Generell ist das Bewusstsein für den Missbrauch von Informationen wenig ausgeprägt. Denken Sie an die Verteilung der Hauspost, an die Verwendung von nicht abhörsicheren Besprechungszimmern, an die Verwendung von gemeinsamen Faxgeräten oder an die Weitergabe vertraulicher Informationen durch Mitarbeiter. Es gibt in der Regel in den Unternehmen keine nachhaltige, d.h. eine dauerhaft aktualisierte und kontrollierte *Sicherheitspolitik.* Papiere, die als „nur für den internen Gebrauch bestimmt" oder „vertraulich" gekennzeichnet wurden erhalten damit erst ihre Weihen. Andere menschliche Gründe wie ein nicht ausreichendes Misstrauen oder Nachlässigkeit vervollständigen dieses Bild.

Der Zugang zu Daten wird häufig durch individuelle Passworte ermöglicht; ihre Vertraulichkeit wird durch laxen Umgang oder durch das Verwenden einfach rekonstruierbarer Passworte eingeschränkt. Chipkarten als Zugang sind auf Grund höherer Kosten noch nicht in großem Umfang eingesetzt.

Durch die zunehmende Komplexität von Informations- und Kommunikationssystemen wird die Störanfälligkeit von Systemen durch die Technik und Nutzer bzw. Administratoren erhöht; darüber hinaus hat ein technischen Versagen einzelner Komponenten teilweise verheerende Auswirkungen auf die Arbeitsfähigkeit des Unternehmens.

Durch die zunehmende Öffnung der Firmennetze nach außen erhalten weltweit viele Personen die Möglichkeit, in die Firmen virtuell einzubrechen und Schaden anzurichten. Dazu gehören auch die Verwendung von Funkstrecken; diese sind leicht abhörbar. Beispiele hierfür sind drahtlose Telefone im Firmenbereich oder Datenübertragung durch WLAN (Wireless LAN). Beides kann durch einfache technische Einrichtungen abgehört werden.

Nach Angaben der Meta-Group Studie „IT-Security im Jahr 2003" hatten nur 25% der Unternehmen in Deutschland Anfang 2003 eine dedizierte *Sicherheitsorganisation*. Bei Firmen mit > 1000 Mitarbeitern waren es immerhin 53%, was im Vergleich zu den Global 2000 Unternehmen mit 75% auch noch nicht viel ist.

Firewalls und Virenschutzprogramme sind heute Grundausstattung, dagegen gibt es kaum wirksame *Desaster-Recovery* Pläne.

Die Zahlen über Schäden durch Mitarbeiter sind alarmierend: Zwischen 50-90% der Schäden in IuK Systemen werden wissentlich oder unwissentlich durch die eigenen Mitarbeiter verursacht. Mangelndes Können, Unachtsamkeit oder der Spieltrieb sind hier die Ursache.

Optimale Sicherheit für die Kommunikation in einem Unternehmen:

> - Es gibt ein Sicherheitskonzept, dass die gesamte IuK umfasst

> - Es gibt für die IuK eine Sicherheitsorganisation, die an eine neutrale Person der Geschäftsleitung berichtet

> - Es gibt verbindliche Dienstanweisungen zur Sicherheit; Verstöße dagegen werden geahndet

> - Mitarbeiter werden regelmäßig über die Sicherheitsrisiken informiert und geschult

> - Es gibt regelmäßige Audits durch externe Firmen, die sich an einen allgemein gültigen Standard anlehnen.

Es gibt immer wieder Versuche, Investitionen für die Sicherheit wirtschaftlich zu rechtfertigen. Sicherheit ist jedoch kaum mit Zahlen zu fassen, da die Eintrittswahrscheinlichkeit und der dann tatsächlich entstehende Schaden überhaupt nicht abzuschätzen sind.

Generell ist der Glaube an technische Einrichtungen zur Sicherung der internen Systeme und Netze groß. Tatsache ist jedoch, dass die Technik allein nur punktuell wirksam werden kann; wichtig ist hier ein Gesamtkonzept, das auch die Mitarbeiter und Organisation einschließt.

9 Kommunikation richtig planen

Das richtige Planen der Kommunikationsprodukte und ihrer Anwendung erfordert methodisches Wissen über das Vorgehen sowie ausreichende Kenntnisse über das zu entscheidende Sachgebiet. In diesem Kapitel wird gezeigt, wie eine unternehmerisch orientierte Planung erfolgen kann.

Als Beispiel wurde die *Beschaffung von Kommunikationssystemen* gewählt. Schwerpunkte des Kapitels sind die Beschreibung der Ausgangssituation, das Festlegen unternehmerischer Ziele sowie das Vorgehen bei der Auswahl der richtigen Produkte. Das Ergebnis ist eine Checkliste als Grundlage für die Entscheidung.

9.1 Vorgehen

9.1.1 Planung

Investitionsentscheidungen für Kommunikationslösungen können nach verschiedenen Planungsverfahren erfolgen:

> ➢ Im Rahmen eines Projektes auf Grund spezieller Anforderungen

> ➢ Auf Grund von unternehmerischen Zielsetzungen

Projektorientiertes Vorgehen

Das *projektorientierte Vorgehen* entspricht der Praxis. Es wird in der Regel limitiert durch Budget-Vorgaben. Die einzelne Investition steht meistens in Konkurrenz zu anderen Projekten, sodass häufig nicht nach der für das Unternehmen sinnvollsten Lösung sondern nach dem Durchsetzungsvermögen einzelner Antragsteller entschieden wird. Da die Anforderungen nicht von einer Zielsetzung abgeleitet werden, sondern als eine Summe von Einzelanforderungen unterschiedlicher Organisationseinheiten auftreten, entsteht eine inhomogene Landschaft von Insellösungen.

Bei einem systematischen Vorgehen dagegen werden die Lösungen von den unternehmerischen Zielen abgeleitet oder zumindest in eine unternehmerische Gesamtplanung eingeordnet. Budgetbegrenzungen oder andere Einschränkungen führen zu einem bewussten Verzicht auf die Verbesserung bestimmter Zielgrößen und damit zum Wegfall einzelner Projekte. Diese Vorgehensweise wurde hier im Folgenden gewählt.

> *Eine Kommunikationslösung ist nicht nur eine technisches oder anwendungsorientiertes Problem, sondern vielmehr ein in die Unternehmensstrategie integriertes Lösungskonzept, das von den Unternehmenszielen abgeleitet wird. Um das zu Gewähr leisten, muss eine „Top-Down" Lösung angewendet werden.*

Das Beispiel für die Planung ist hier die *Beschaffung von Kommunikationssystemen für die Hauptverwaltung und eine Zweigniederlassung*. Betroffen von dieser Lösung sind jedoch sowohl das gesamte Übertragungsnetz als auch die anderen Niederlassungen.

Das Vorgehen bei der Planung für das Kommunikationssystem gliedert sich in 9 Schritte wie folgt Bild (9.1):

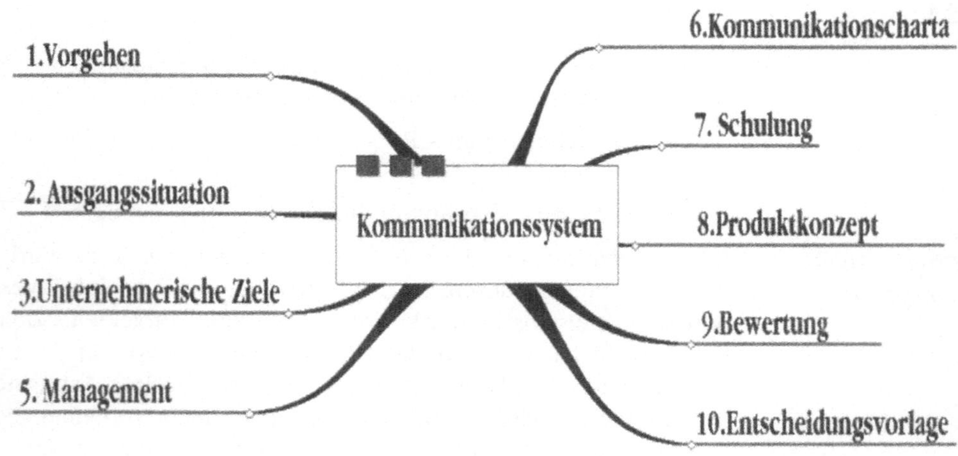

Bild 9.1: Schritte der Planung

9.1.2   Vorgehen bei dem Projekt

Für die Planung wurde das Einhalten verschiedener Grundsätze verabschiedet. Diese sind weit gehend allgemein gültig; es soll damit jedoch sichergestellt werden, dass sie hier nicht vergessen werden:

> ➢ Die *zielorientierte Planung* geht von den unternehmerischen Leitlinien aus die beschreiben, welche Grundwerte die Firma hat. Das ermöglicht einen stabilen Orientierungs- und Handlungsrahmen. Sie müssen vom gesamten Management getragen werden.

> ➢ Die Planung und Steuerung der Projekte erfolgt durch die *Geschäftsführung*, d.h. in diesem Fall durch den CIO oder jemanden in einer vergleichbaren Funktion. In einem Lenkungsausschuss werden die Führungskräfte der betroffenen Organisationseinheiten einbezogen. Das zuständige Management steht hinter dieser Aufgabe und seinen Zielen.

> *Die Planung einer unternehmerisch ausgerichteten Konzeption für die Kommunikation im Rahmen der Informations- und Kommunikationstechnik muss organisatorisch in den Händen eines Managements liegen, das ein ausreichendes Wissen über die potenziellen Möglichkeiten der IuK Technologie hat, die Geschäftsprozesse kennt und die unternehmerischen Ziele im Auge hat.*

> ➢ Für die von dem Management eingesetzten Arbeitsgruppen werden auch *Mitarbeiter* der betroffenen Anwendungsbereiche benannt.

> ➢ Die betroffenen *Benutzer* werden durch interne „Marketingmaßnahmen" auf die neuen Anwendungen vorbereitet.

> ➢ Das Informieren bzw. *Einbeziehen von nicht direkt Betroffenen*, die jedoch das Projekt unterstützen oder behindern können, erfolgt möglichst früh. Ein Beispiel hierfür ist der Betriebsrat.

> ➢ Der Zusammenhang mit der *Informationsverarbeitung* ist als wesentliche Komponente zu berücksichtigen.

> Der *Planungshorizont* sollte für die Grobplanung möglichst lang, für die Planung der einzelnen Projekte kurz sein. Damit wird eine hohe Planungssicherheit erreicht und man muss nicht ständig die Planung korrigieren. Das Projekt wird so in Teilabschnitte gegliedert, dass Erfolge kontinuierlich eintreten und der Fortschritt erkennbar ist.

> Planen heißt ein *definiertes Ziel* zu haben; dazu gehört, dass ab einem bestimmten Zeitpunkt keine Änderungen des Vorhabens mehr zugelassen werden, es sei denn, dass erkannte Fehler ausgebessert werden müssen. Solche Änderungen dürfen nur durch einen Lenkungsausschuss genehmigt werden.

Aus der Praxis

Ich habe einmal ein Projekt für die Entwicklung von Anwendersoftware begleitet. Der Projektleiter hat jedes Mal schönere Folien gezeigt, die immer schlechtere Nachrichten enthielten. Die Termine wurden immer mehr verschoben, bis endlich überhaupt keine mehr genannt wurden. Als der Anforderungskatalog endgültig fixiert wurde, weil sonst das Projekt eingestellt worden wäre, verbesserte sich die Lage schlagartig. Es wurde schnell zu Ende geführt.

> Die Festlegung der Planungsmethode ist eine wichtige Entscheidung. Damit wird der Aufwand für das Erstellen der Entscheidungsvorlage auf das notwendige Maß reduziert. Es wird damit vermieden, dass die generell gültigen und umfangreichen Planungsvorschriften umgangen werden.

9.2   Beschreibung der Ausgangssituation

Die Ausgangssituation des Unternehmens wird beschrieben durch die

➤ Technische Situation

   o   Endgeräte und Anwendungen

   o   Interne Infrastruktur für die Kommunikation

   o   Öffentliches Übertragungsnetz

➤ Vertragliche Bindungen

➤ Kommerzielle Ausgangsdaten

9.2.1   Technische Struktur und Produkte

Die *Arbeitsplätze* dieses fiktiven Unternehmens zeichnen sich heute durch getrennte Produkte für die Sprach- und Textkommunikation aus. Entgangene Anrufe werden ggf. auf dem Display des Telefons angezeigt.

Die Arbeitsplätze sind konventionell

Wesentliche erkennbare Mängel sind:

➤ Keine einheitliche Anzeige von eingetroffenen Sprach- und Textnachrichten; heute werden nur E-Mails auf dem Arbeitsplatzrechner angezeigt.

➤ Es besteht keine Möglichkeit, Benachrichtigungen über eingetroffene Nachrichten z.B. auf das Handy weiterzuleiten

➤ Es gibt keine einheitliche Bedienoberfläche bei allen Mitarbeitern.

➤ Die Anwendung von Voice-Mail ist unbekannt; der Anrufbeantworter wird unzuverlässig eingesetzt.

Die eingesetzte technische *Infrastruktur* und das Netz (Bild 9.2) werden geprägt durch getrennte Sprach- und Datenleitungen sowie separate Vermittlungs- und Verarbeitungssysteme. Die Kommunikationssysteme der Niederlassungen sind wesentlicher Bestandteil der Entscheidung, weil übergreifende Leistungsmerkmale im Netz dort einen vergleichbaren technologischen Stand voraussetzen. Sie müssen genau analysiert werden, um ihre Verwendbarkeit im Rahmen eines vernetzten Gesamtsystems abschätzen zu können.

Wesentliche Mängel der heutigen *Infrastruktur* sind u.a.:

➢ Kein leistungsfähiger Telefonanschluss bei Heimarbeitsplätzen

➢ Keine Integration mit der Datenverarbeitung

➢ Keine komfortable Anbindung von Laptops an extern vorhanden Schnittstellen

➢ Unterschiedliche Technologien bei den Kommunikationssystemen der Niederlassungen

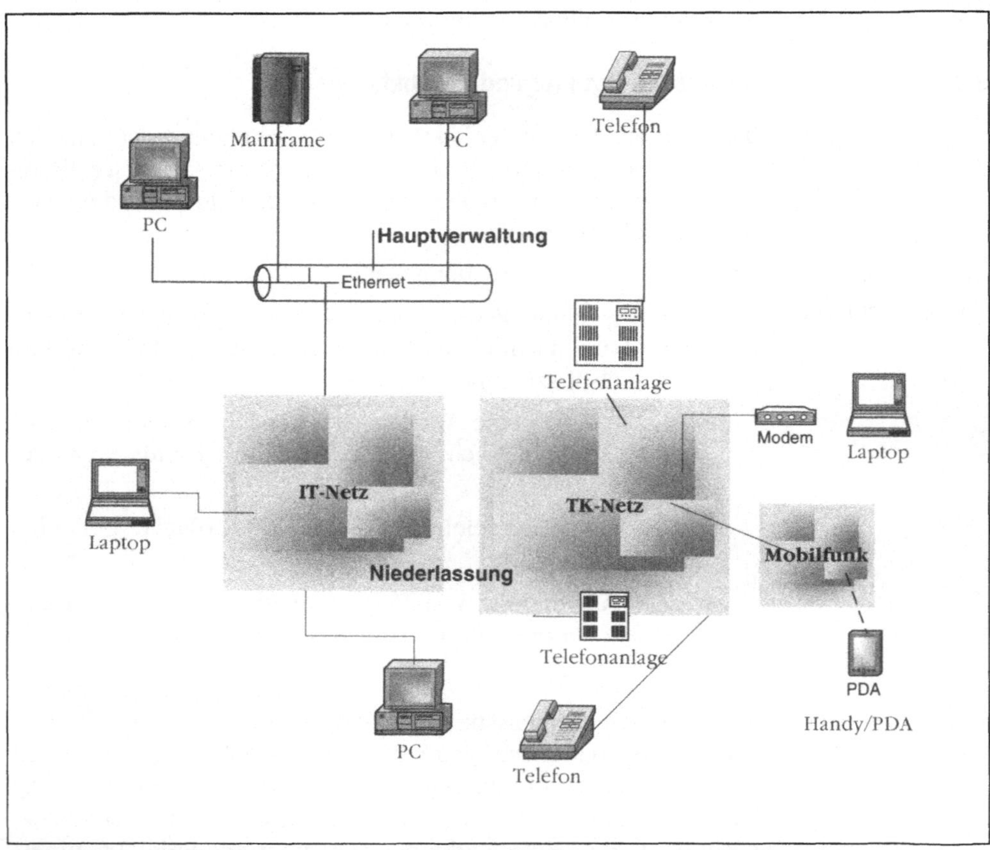

Bild 9.2: Technische Ausgangssituation für das Kommunikationskonzept

9.2.2   Vertragliche Bindungen

Vertragliche Bindungen betreffen hier Verträge, die im Zusammenhang mit den Kommunikationssystemen existieren. In diesem Fall sind Wartungsverträge zu berücksichtigen. Es bestehen keine Rahmenverträge mit Lieferanten.

Für die technische Konzeption sowie für die Ausschreibung kann ggf. auf Firmen zurückgegriffen werden, bei denen positive Erfahrungen aus früheren Projekten vorliegen.

9.2.3   Kommerzielle Daten

Die wesentlichen kommerziellen Daten sind das vorgesehene Budget sowie die Abschreibung der installierten Anlage. Das Budget kann in diesem Fall nur eine Orientierungsgröße sein, da mit dem neuen System ein anderes Leistungsspektrum realisiert werden soll. Außerdem sollen die Kosten gesenkt werden.

Der Rahmen für das *Budget* ist im Voraus zu klären, weil eine bereits bekannte Limitierung ggf. ein gestrecktes Vorgehen oder den Austausch nur eines Teils der Produkte bedeuten kann.

Die Anlagen sind zum Teil nicht vollständig abgeschrieben. Eine neue Investitionsentscheidung muss diesen Aspekt berücksichtigen, jedoch darf die Abschreibungsdauer bisheriger Installationen nicht das entscheidende Kriterium sein.

Aus der Praxis

Der Inhaber eines bekannten Technologie-Unternehmens vertrat die Auffassung, dass das Geld, was er ausgegeben habe, weg sei. Entscheidungen haben sich daran zu orientieren, welche Lösung für die Zukunft am erfolgreichsten zu bewerten sei. Das bereits ausgegebene Geld sei kein Hinderungsgrund, alternative Lösungen zu suchen!

9.3   Festlegen der unternehmerischen Ziele

Von der Geschäftsleitung wurden die in Bild 9.3 beschriebenen Ziele festgelegt und die für die Kommunikation angestrebten Verbesserungen benannt.

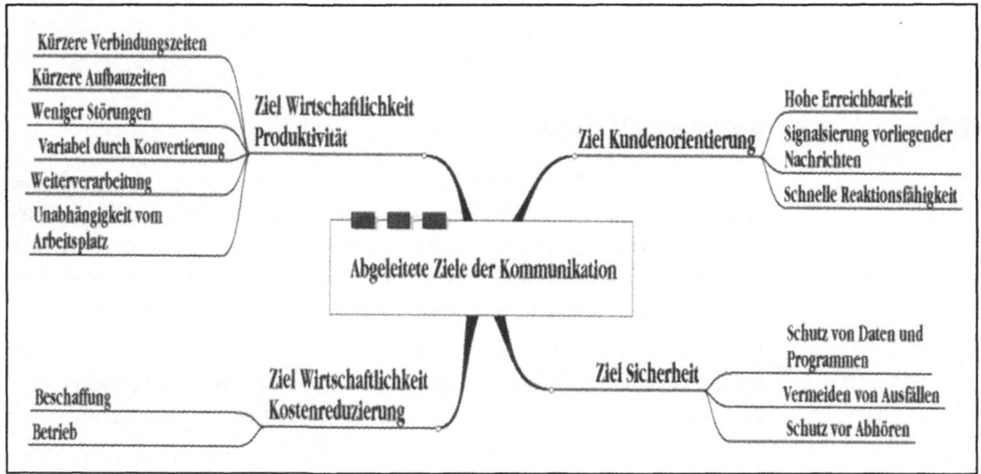

Bild 9.3: Abgeleitete Ziele der Kommunikation bei der Planung eines Kommunikationssystems

Ziel Nr.1: Verbesserung der Wirtschaftlichkeit bei der Kommunikation.

Die Wirtschaftlichkeit wird bestimmt durch die Verbesserung der Produktivität sowie eine Reduzierung von Kosten bei der Beschaffung und dem Betrieb der Kommunikationssysteme.

Das Erhöhen der Produktivität steht mit im Vordergrund

Im Vordergrund steht hier die *Produktivität der Mitarbeiter*, da das Kommunikationsverhalten einen großen Einfluss auf die Personalkosten hat. Sie wird beeinflusst durch das Kommunikationsverhalten des einzelnen Mitarbeiters wie auch durch das von Dritten:

➢ Für einen aktiven Kommunikationspartner ist für die optimale Benutzung eine schnelle Bedienung, einfache multifunktionale Geräte sowie der Zugriff auf Informationen wichtig.

➢ Durch Dritte sollten möglichst wenig Störungen z.B. durch Telefonanrufe erfolgen. Darüber hinaus   sollten diese nur Informationen senden, wenn sie notwendig sind. Es muss vermieden werden, dass ein Mitarbeiter in einer Flut von Briefen oder E-Mails versinkt.

Die ständigen Veränderungen im Unternehmen haben massive Auswirkungen auf die Kommunikation. Das neue Kommunikationssystem muss sicherstellen, dass ein vorübergehender oder ständiger Ortswechsel einzelner Mitarbeiter zu keinem Produktivitätsverlust führt.

Kostenreduzierung

Die *Kostenreduzierung* bezieht sich auf

> die Kosten der Beschaffung von Hard- und Software

> die Kosten des Betriebes

  o   Personalkosten

  o   Dienstleistungen wie Wartung oder für Umstellungen

  o   Kommunikationskosten der Netzbetreiber

Bei den Überlegungen steht die Nutzung moderner wirtschaftlicher Technologie mit im Vordergrund. Es sind auch ggf. Versäumnisse der Vergangenheit aufzuarbeiten; das betrifft besonders Wartungsverträge, die bei der hohen Stabilität der Produkte durch Einzelaufträge innerhalb eines Rahmenvertrages ersetzt werden können.

Ziel Nr.2: Verbesserung der Kundenorientierung

Eines der Kernthemen für den Erfolg eines Unternehmens ist die *Kundenorientierung*. Sie wird bei der Kommunikation geprägt durch

> eine hohe Erreichbarkeit

> schnelle Reaktionsfähigkeit

> eine hohe Qualität

Es ist das Ziel, hier erhebliche Verbesserungen zu erzielen.

Ziel Nr.3: Erreichen eines hohen Sicherheitsstandards

Sicherheit ist ein unterschätztes Ziel

Die *Sicherheit* ist eine Frage des Schutzes vor Datendiebstahl, Missbrauch der Systeme und der technischen Stabilität und damit ein nicht zu unterschätzender Faktor für den Unternehmenserfolg. Die damit verbundene Verfügbarkeit der Systeme hat einen großen Einfluss auf die Produktivität der Mitarbeiter wie auch auf die Kundenorientierung. Eine Abschätzung des Schutzbedarfs ist schwierig, ist jedoch gemacht worden, um die Risiken besser zu bewerten und die Kosten nicht ins Uferlose wachsen zu lassen.

9.4 Manager und Kommunikation

Die Qualität des Managements ist entscheidend für den Erfolg

Um Projekte erfolgreich zu planen und durchzuführen, soll und muss das *Management* bestimmte Anforderungen erfüllen.

> *Das richtige Verhalten des Managements ist einer der wesentlichen Erfolgsfaktoren.*

Da diese Anforderungen auch für den Aufbau eines strategisch orientierten Kommunikationskonzeptes eminent wichtig sind, werden sie mit 4 Thesen im Folgenden in Erinnerung gerufen[1]:

1.Grundsätze und Regeln des Unternehmens
Eine Organisation hat Grundsätze, die sich in den Leitlinien oder Unternehmenszielen widerspiegeln. Die Handlungen müssen sich daran orientieren. Die Kommunikation ist ein Teil des unternehmerischen Verhaltens; Vereinbarungen zum Kommunikationsverhalten sind gleichwertig mit anderen und müssen eingehalten werden.

2. Kenntnisse zur Erfüllung der Aufgabe
Um seine Aufgabe zu erfüllen und Entscheidungen sachkundig fällen zu können, muss ein Manager bestimmte Kenntnisse haben. Dies sind bei der Kommunikation für den Manager als Benutzer mehr die Anwendungen, für den CIO oder IT-Chef mehr die Technik und Sicherheitsaspekte. Beide müssen sicherstellen, dass sie das notwendigen Wissen haben und es im Zusammenhang mit der unternehmerischen Zielsetzung nutzen.

3.Methoden
Festgelegte *Methoden* sollen Entscheidungen u.a. einem Standard unterwerfen und sie vergleichbar machen. Die Methoden betreffen technische und kommerzielle Aspekte sowie Verfahren zur Verbesserung der Sicherheit. Sie müssen eingehalten werden.

---

[1] s. auch F. Malik: Führen, Leisten, Leben, wo die Anforderungen an ein erfolgreiches Management sehr prägnant beschrieben werden

<u>4. Nachhaltigkeit</u>
Entscheidungen müssen nachhaltig durchgesetzt und kontrolliert werden, damit sie Erfolg haben. Das gilt besonders für solche, bei denen Erfahrungen später bei ähnlichen Projekten verwendet werden können.

Aus der Praxis

Ich habe in der Praxis ständig erlebt, wie grundsätzliche und erst mittelfristig wirkende Maßnahmen von kurzfristig wirkenden verdrängt wurden. Gründe dafür gab es immer.

Daher ist es unbedingt erforderlich, Kontrollmaßnahmen zu institutionalisieren, damit alle wichtigen Entscheidungsparameter nachträglich überprüft werden.

> *Die Aufgaben vieler Manager oder auch von manchen Mitarbeitern bestehen aus operativen und grundsätzlichen Aktivitäten. Operative Tätigkeiten haben Vorrang; sie führen leider dazu, dass wichtige konzeptionelle Aufgaben vernachlässigt werden.*

Manager und Mitarbeiter können ihre Aufgaben nur erfüllen, wenn sie bestimmte Zeitblöcke zur Verfügung haben, in denen sie konzentriert und ungestört arbeiten können. Sie brauchen Zeit zum Denken!

Die Aufgaben eines Managers setzen sich aus operativen und konzeptionellen Tätigkeiten zusammen. Er ist 70-80% seiner Arbeitszeit fremdbestimmt; nur bei einem Viertel kann er selbst bestimmen, welche Aufgaben er als notwendig ansieht. Für alle Aufgaben benötigt er Kommunikation, sowohl mit Einzelpersonen als auch mit Teams, ad hoc oder zeitversetzt:

> ➤ Für die operative Tätigkeit benötigt er einen schnellen Informationsaustausch. Das bedeutet Verfügbarkeit von Dritten.

Der menschliche Filter

> ➤ Bei eigenen konzeptionellen Arbeiten sollte er für Dritte nicht erreichbar sein. In der Zeit, über die er selbst

bestimmen kann, muss er u.a. das Wissen erarbeiten, das er für sachlich qualifizierte Entscheidungen benötigt. Hierzu braucht er Ruhe, um konzentriert arbeiten zu können. In den Fällen, wo eine Störung nicht erfolgen soll, kann jedoch ein dringender Informationsbedarf durch Dritte auftreten. Hat der Manager ein Sekretariat, d.h. einen menschlichen Filter, so kann dort die Dringlichkeit erkannt werden. Damit können die Störungen reduziert werden. Sekretariate führen allerdings dazu, dass die Manager die Kommunikationsprobleme anderer nicht nachvollziehen können.

> *Technische Lösungen müssen dazu beitragen, dass zu bestimmten Zeiten Störungen unterbleiben, jedoch dringender Kommunikationsbedarf erkannt und befriedigt wird. Ein Missbrauch der Erreichbarkeit muss unbedingt vermieden werden.*

9.5 Marketing

Um mit der Investition die geplanten Ziele zu erreichen, müssen die eingesetzten Produkte und Verfahren Erfolg haben. Dazu müssen interne Maßnahmen bewusst frühzeitig eingeleitet werden, die diesen Erfolg sicherstellen. Sie haben den Charakter eines *internen Marketings*.

Die Einführung neuer Kommunikationsverfahren ist aus zwei Gründen schwierig:

> ➢ Die Motivation für den Einsatz der neuen Kommunikationsprodukte speist sich aus unternehmerischen Zielen und nicht direkt aus den Anforderungen eines Arbeitsplatzes. Hier steht das Gesamtinteresse des Unternehmens im Vordergrund, aus dem sich Maßnahmen und Verhaltensweisen ableiten.

> ➢ Neue Kommunikationsverfahren erfordern ein neues Verhalten, das sich im Bewusstsein der Mitarbeiter abspielen muss. Es reicht nicht aus, die Argumente zu verstehen, sondern sie so zu verinnerlichen, dass sie das Handeln prägen.

Es wäre falsch zu glauben, dass verfahrensorientierte Schulungen ausreichen; vielmehr müssen unternehmensorientierte Diskussionen mit den betroffenen Mitarbeitern geführt werden, sodass die Veränderung des Kommunikationsverhaltens als notwendige Folge der unternehmerischen Ziele gesehen wird.

9.6   Kommunikations-Charta

9.6.1   Aufbau einer Kommunikations-Charta

Entscheidend für eine optimale Kommunikation ist die Änderung des Kommunikationsverhaltens und der richtige Einsatz der entsprechenden Einrichtungen.

> *Für die Effizienz der Kommunikation ist es von großer Bedeutung, dass die auf Monolog basierenden Verfahren (store&forward) zunehmen, um eine schnellere und für den Anderen störungsfreie Kommunikation zu erzielen. Daher sollten bei einem Kommunikationskonzept solche Verfahren gestärkt werden.*

Das Ergebnis des Einsatzes optimierter Kommunikationseinrichtungen sollte ein verändertes Kommunikationsverhalten sein (Bild 9.4).

Der Prozess des Bewusstseinswandels ist schwierig

Das Kommunikationsverhalten kann man nicht jedem einzelnen Mitarbeiter überlassen, sondern es wird durch Verhaltensrichtlinien festgelegt. Die festgelegten Verhaltensregeln sind dann verbindlich; sie werden sich nicht schnell und ohne Rückschläge etablieren; deshalb muss ständig daran gearbeitet werden.

> *Ein Erfolg versprechender Weg zur Veränderung des Kommunikationsverhaltens ist der Aufbau einer Kommunikations-Charta, die ein breites und von allen akzeptiertes Verhalten festlegt. Diese Charta sollte nicht vorgegeben, sondern gemeinsam mit den Betroffenen erarbeitet werden.*

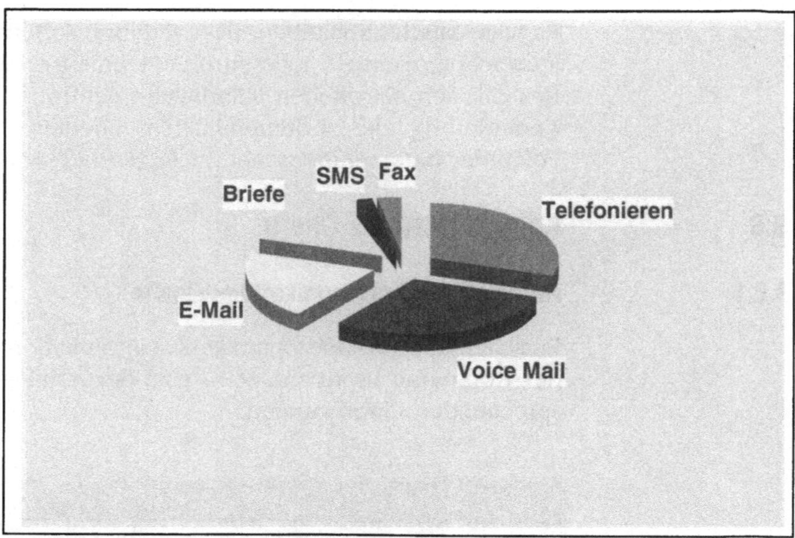

**Bild 9.4: Angestrebte Änderung des Kommunikationsver-
haltens (Beispiel)**

*Kommunikations-
Charta entwickeln*

Die *Kommunikations-Charta* bezieht sich auf die Kommunikation mit Einzelpersonen und Gruppen. Sie umfasst u.a.:

➤ Die richtige Vorbereitung der Kommunikation

   o   Was will ich erreichen?

   o   Wie will ich das inhaltlich darstellen?

   o   Welche Form will ich wählen?

➤ Die richtige Durchführung

   o   Die Dringlichkeit oder Wichtigkeit angemessen
festlegen

   o   Das richtige Kommunikationsverfahren wählen

   o   Die Verteilung der Nachricht dimensionieren

➤ Die eigene Erreichbarkeit und Reaktion

   o   Differenzierte Umleitungen ermöglichen

   o   Art der eigenen Benachrichtigung festlegen

   o   Zyklus des Abfragens von Nachrichten festlegen

Die Verbesserung der Kommunikation kann nur durch ein Zu-
sammenwirken des menschlichen Verhaltens mit technischen Lösungen erreicht werden.

9.6.2   Kommunikation zwischen Einzelpersonen

Bei *Einzelpersonen* ergibt sich die Kommunikation häufig ad hoc, wenn auf Grund von Ereignissen Klärungen notwendig sind. Dann wird versucht, den Partner unmittelbar zu erreichen, wobei häufig das Telefon verwendet wird. Dieses Verfahren ist aufwändig und häufig auf Grund von Missverständnissen nicht ausreichend präzise. Bei einer monologorientierten Kommunikation steigt die Genauigkeit bei sinkendem Aufwand.

Für eine Entscheidung ist meistens jedoch das Wissen oder die Kompetenz mehrerer Personen erforderlich, sodass eine Kommunikationskette aufgebaut wird, die Zeit in Anspruch nimmt. Die Dauer einer Klärung hängt von der Summe der Verfügbarkeit aller Personen und deren Wissen ab.

> *Bei Einzelpersonen sollte die Kommunikation stärker als bisher monologorientiert durchgeführt werden, um den Aufwand gering zu halten. Das kann den Informationsaustausch verlangsamen, sofern keine allgemeine Akzeptanz über die Nutzung solcher Kommunikationsverfahren vorhanden ist.*

Der Einsatz von Kommunikationsverfahren sollte sich nach der jeweiligen Situation richten (Tabelle 9.1). Im Vordergrund der Überlegungen steht hier das Telefonieren, weil es zu häufig und falsch eingesetzt wird. Mit neuen Leistungsmerkmalen wie *„Presence Awareness"* ist die Signalisierung der Erreichbarkeit für einen begrenzten Kreis von Personen durchführbar.

Telefonieren ist das größte Problem

> ➢ *Telefonieren* ist sinnvoll, wenn ein Dialog erforderlich ist
>
>> o Eine Störung wird akzeptiert, wenn der Adressat seine Erreichbarkeit bekannt gegeben hat
>>
>> o Die normale Situation ist, dass der Adressat vermutlich erreichbar ist, er aber seine Erreichbarkeit nicht bekannt gegeben hat. Hier sollte er nur in dringenden Fällen gestört werden.
>
> ➢ Telefonieren ist nicht sinnvoll
>
>> o wenn ein Dialog nicht erforderlich oder nicht dringend ist

o   wenn der Adressat nicht erreichbar ist oder nicht erreichbar sein will. In diesen Fällen ist nur eine monologorientierte Benachrichtigung möglich

Verfügbarkeit	Erreichbarkeit	Lösungen
generell verfügbar	erreichbar	Bekanntgabe von Zeiten der Erreichbarkeit (Presence-Awareness)
nicht verfügbar	ist nicht erreichbar	Benachrichtigung ggf. mit Instant Messaging
	will nicht gestört werden	➢ Filtermechanismen ➢ Benachrichtigung

Tabelle 9.1: Beispiele für die Situation des Empfängers von Informationen

Einige Aspekte sollten zur Verbesserung der Kommunikation gefördert werden

➢ Information über die potenzielle Erreichbarkeit *(Presence-Awareness)* von Mitarbeitern für einen begrenzten Kreis von Partnern.

➢ Methoden der Filterung von störenden Anrufen durch Verwendung vertraulicher Telefonnummern oder das Prüfen der Telefonnummer des Anrufenden, sofern diese am Telefon angezeigt wird.

➢ Verwendung monologorientierter Kommunikation, da eingetroffene Nachrichten von E-Mail und Voice-Mail am Bildschirm angezeigt oder von unterwegs abgerufen werden können.

9.6.3   Kommunizieren von Gruppen

Sofern das Wissen Mehrerer unmittelbar in einer *Gruppe* abgeglichen werden muss, wird der sofortige gemeinsame Austausch und der Abgleich von Informationen in Teams mit Besprechungen durchgeführt. Sofern die Teilnehmer vorbereitet sind und über ein ausreichendes Wissen verfügen, ist der Informationsaustausch optimal. Hier ist die Einheit von Ort, Zeit und Wissens- und Entscheidungskompetenz gegeben.

Nachteilig bei dieser Lösung ist, dass hohe Kosten und viel Zeit aufgewendet werden müssen, um Besprechungen durchzuführen. Darüber hinaus machen es die knappen Personalressourcen immer schwerer, Mitarbeiter mit dem notwendigen Wissen zusammenzuholen. Kommunikation im Team erfordert Vereinbarungen über Zeitpunkt und Dauer sowie das erforderliche Wissen.

Jeder weiß, dass besonders der Punkt Wissen in Besprechungen ein Problem darstellt, da das Besprechungsthema nicht allen klar ist, die Teilnehmer nicht ausreichend vorbereitet sind oder die notwendigen Wissens- oder Entscheidungsträger nicht eingeladen waren.

Die Kommunikation von Teams erfordert zunehmend Lösungen, bei denen die Kommunikationstechnologie die bisherige Einheit von Ort und Zeit über Entfernungen hinweg ersetzt.

> *Bei Teams muss es das Ziel sein, den überregionalen Informationsfluss technisch zu unterstützen, um schneller und effizienter die notwendigen Entscheidungen zu erhalten.*

Technische Unterstützung von Gruppen

Bei Gruppen ist eine Kommunikation mit technischer Unterstützung durch Video- oder Telefonkonferenzen möglich („Collaboration"). Voraussetzung dafür ist die organisatorische Vorbereitung, wobei als Hilfsmittel die Bekanntgabe der Verfügbarkeit der betroffenen Personen ist. Je mehr diese generell bekannt ist, umso schneller können Teams gemeinsam kommunizieren. Diese potenzielle Erreichbarkeit ist dann nicht mehr nutzbar, wenn sie durch zu häufige Inanspruchnahme missbraucht wird.

9.7   Schulung

Um die „neue Kommunikation" eines Unternehmens zu gestalten, sollte ein allgemeines Verständnis über die bestimmenden Faktoren der Kommunikation vorhanden sein, was durch entsprechende Schulungen vermittelt werden muss. Das ist u.a. die effiziente und effektive Behandlung von Informationen, das Nutzen von optimalen Kommunikationsverfahren sowie ein Verständnis für Zeitmanagement.

Kommunikation ist ein Kernthema des Managements und muss permanent im Interesse des Unternehmens verbessert werden.

9.7.1   Die Bedeutung der Informationen für die Kommunikation

Informationen werden von Menschen erzeugt und haben Wirkungen; deshalb ist es notwendig, sie ihrer Wichtigkeit entsprechend zu behandeln.

Fakt Nummer 1: Es gibt zu viele mangelhafte Informationen
Eine Information, sei es während eines Telefongespräches oder als Teil eines Briefes, muss ihrem Zweck entsprechen. Sie muss klar und unmissverständlich sein und auf die Wirkung beim Empfänger ausgerichtet sein.

Die Qualität der Information muss dringend verbessert werden

Viele Mitteilungen sind nicht ausreichend genau und haben keinen angemessenen Inhalt. Überprüft man heute E-Mails, so wird man feststellen, dass sowohl der Umfang wie auch die Genauigkeit der Ausdrucksweise kaum geeignet sind, mittlere Qualitätsmaßstäbe zu erfüllen.

Es fehlt eine ausreichende Professionalität, die leider nicht Teil einer Ausbildung ist. Sie muss daher durch Schulungen und Training den Mitarbeitern nahe gebracht werden, deren Kommunikation wichtig für das Unternehmen ist.

Fazit: Die Qualität der Kommunikation basiert auf der Qualität der Informationen. Diese muss durch Schulungen bei wesentlichen Mitarbeitern verbessert werden.

Fakt Nummer 2: Es gibt generell zu viele Informationen.
Informationen haben sich in den letzten Jahrzehnten vervielfacht und übersteigen bei weitem die menschliche Kapazität der Verarbeitung. Ein Mangel besteht darin, dass zu wenig überlegt wird, ob andere diese Information tatsächlich haben müssen.

Viele Mitarbeiter nutzen die einfachen Möglichkeiten der elektronischen Kommunikation, in der Meinung, dass viele diese Information brauchen und in der Hoffnung, dass damit die wahre Bedeutung des Verfassers für das Unternehmen erkannt wird.

Fazit: Die Menge und Genauigkeit der Informationen wird allein durch den Menschen bestimmt. Es ist ein Irrtum zu glauben, dass die Entwicklung technischer Hilfsmittel hier Wesentliches ändern wird.

Fakt Nummer 3 : Es gibt zu viele angeblich besonders wichtige und dringende Informationen.

Die Wirksamkeit der Kommunikation hängt davon ab, dass übersandte Informationen vorab, d.h. vor dem Lesen, als mehr oder weniger wichtig erkannt werden können. In der Flut der Informationen gehen Unterscheidungsmerkmale verloren, wenn zu viele Informationen als dringlich oder wichtig bezeichnet werden.

Fazit: Die Überbewertung der Dringlichkeit oder Wichtigkeit führt zur Abwertung aller Informationen. Technische Maßnahmen können hier nur greifen, wenn sie mit einem menschlichen Verhalten kombiniert sind, das die Information entsprechend ihrer Wichtigkeit oder Dringlichkeit angemessen behandelt .

Fakt Nummer 4: Informationen müssen zu schnell zur Verfügung stehen.

Kommunikation wird meistens nötig durch Arbeitsabläufe. Diese können schnell durchgeführt werden, wenn die Informationen unmittelbar zur Verfügung stehen. Der notwendige Informationsfluss findet dabei zwischen Einzelpersonen oder innerhalb von Teams statt.

Fazit: Mitarbeiter müssen ihr Kommunikationsverhalten auf eine angemessen schnelle Reaktion ausrichten. Dies kann nur durch häufige Abfragen oder ein effizientes Systeme der Benachrichtigung über eingetroffene Nachrichten erreicht werden.

9.7.2   Vor- und Nachteile von Kommunikationsverfahren

Die einzelnen Kommunikationsverfahren haben unterschiedliche Vor- und Nachteile, die in Kapitel 2 beschrieben wurden. Die Wirkung dieser Verfahren für die Kommunikation ist demnach sehr unterschiedlich, was an Beispielen deutlich gemacht werden sollte. Sie sollten die Schwertpunkte der normalen Kommunikation intern und extern abdecken.

Auszuarbeitende Beispiele:

> ➤ Schnelle Kommunikation ohne Anspruch auf Aussehen, jedoch nachvollziehbar = E-Mail

> ➤ Formale, verbindliche Kommunikation, firmenbezogen (Corporate Identity) = Brief

> ➤ Kommunikation zur Bewältigung von Problemen mit hohem persönlichen Einsatz = Keine technisch orientierte Kommunikation, sondern persönliches Gespräch

9.7.3 Bedienung

Die Bedienung von Produkten der Kommunikation war bisher relativ einfach, wenn es sich beispielsweise um das Telefon handelte. Durch die Kombination der Informations- und Kommunikationstechnologie ist die Funktionalität umfassend erhöht worden; das bedeutet mehr Schulung insbesondere im Hinblick auf die Verknüpfung verschiedener Medien (Textnachricht mit Anhang, Konvertierung von Text zu Sprache), wobei die Vermittlung des Wissens auf den Bedarf ausgerichtet sein muss. Wissen, das nicht gebraucht wird, ist schnell vergessen.

9.8   Die richtigen Produkte wählen

Die richtigen Produkte hängen von den Unternehmenszielen und deren Umsetzung bei den Geschäftsprozessen, den technologischen Maßnahmen, dem Kommunikationsverhalten sowie den Anforderungen durch die Tätigkeit der Mitarbeiter ab.

9.8.1   Einflussfaktor Unternehmensziel und Maßnahmen

Unternehmensziele haben nur eine rhetorische Wirkung, wenn nicht Maßnahmen daraus abgeleitet werden. Das macht das Erarbeiten eines Kataloges für diese Maßnahmen nötig (Tabelle 9.2).

Unternehmensziel	Maßnahmen
A Produktivität	1. Weniger Störungen durch Anrufe. 2. Weiterleitung von Nachrichten mit Kommentaren (Text oder Sprache) ermöglichen 3. Es müssen die gleichen Kommunikationsleistungen unabhängig vom Aufenthaltsort für jeden Mitarbeiter zur Verfügung stehen. 4. Der Vertrieb muss von unterwegs Nachrichten zwischen verschiedenen Medien konvertieren können, um mit einfachen Endgeräten eine Vielzahl unterschiedlicher Nachrichten zu erhalten. 5. Die eingetroffenen Informationen müssen gesammelt und übersichtlich am PC dargestellt werden können. Das Eintreffen von Informationen muss variabel gemeldet werden. 6. Eine Benachrichtigung muss für alle Medien verfügbar sein. Beim Handy muss für einen ausgewählten Kreis von Absendern eine SMS gesendet werden, sobald eine Nachricht eintrifft. 7. Verwendung von wirtschaftlichen monologorientierten Kommunikationsverfahren 8. Möglichkeit für Videokonferenzen am Arbeitsplatz oder in dafür vorgesehenen Räumen muss geschaffen werden

Unterneh- mensziel	Maßnahmen
B Kostenreduzierung	1. Niedrige Kommunikationskosten unabhängig vom Aufenthaltsort. Das bedeutet, dass auch von einem beliebigen Ort aus über den zunächst liegenden Knoten des Unternehmens (z.B. Niederlassung) das Netz des Unternehmens verwendet werden kann. 2. Nur ein Dienst für alle Standorte, keine dezentralen Einrichtungen 3. Nur eine Administration für das gesamte Netz 4. Die Erreichbarkeit Einzelner muss in bestimmten Situationen verbessert werden.
C Kundenorientierung	1. Erhöhen der Schnelligkeit bei der Behandlung von Anrufen durch die Identifikation des Anrufenden auf Grund seiner Telefonnummer und den automatischen Zugriff auf seine Daten 2. Eine Rufnummer für das gesamte Unternehmen 3. Erreichbarkeit des Unternehmens verbessern durch den Aufbau von Contact/Service Center, sodass viele Anfragen dort sofort beantwortet werden können 4. Steuerung von Anrufen über die Festlegung von Qualifikationen der Mitarbeiter und Verwendung bei der Vermittlung
D Sicherheit	1. Vertraulichkeit von Telefongesprächen und Daten muss von überall her gesichert werden 2. Zugriff nur nach Identifizierung (Feste Codezahlen, wechselnde Codezahlen, biometrische Verfahren usw.) 3. Keine Verwendung ungeschützter Übertragungsverfahren 4. Ausfallsicherheit des Gesamtsystems zufrieden stellend erreichen

Tabelle 9.2: Beispiele für Anforderungen zur Unterstützung der Unternehmensziele

9.8.2   Technologie und Anwendungen

Aus den Anforderungen der Tabelle 9.2 resultieren Produktanforderungen (Tabelle 9.3).

Betroffene technische Lösung	Leistungsmerkmale	Abdecken von Forderungen der Tabelle 10.2
Kommunikationssystem /Endgeräte	➢ Voice Mail ➢ Unified Messaging ➢ ACD(Service Center) ➢ Sicherheit für Endgeräte ➢ Videokonferenz	➢ A1, A2, A7 ➢ A3, A4, A5, A6 ➢ C3, C4 ➢ D2, D3 ➢ A8
Integration	➢ CTI	➢ C3, C5 ➢
Infrastruktur	➢ Zentrale Server ➢ Zentrale Administration ➢ Ausfallsicherheit der Kommunikationswege ➢ Anbindung Heimarbeitsplätze	➢ B2,C1,C3 ➢ B3 ➢ D4 ➢ A3
Netzbetreiber	➢ Einheitliche Rufnummer ➢ Corporate Network ➢ Interconnect Verträge	➢ C2 ➢ B1,D1,D4 ➢ B

Tabelle 9.3: Zuordnung der Anforderungen zu Leistungsmerkmale

In der Hauptverwaltung ist eine relativ moderne Verkabelung vorhanden, die für eine getrennte Sprach- und Datenübertragung weiterhin eingesetzt werden soll. Für die Niederlassung in XX ist eine Neuinstallation in einem Neubau vorzusehen.

Es wurde entschieden, dass aus wirtschaftlichen Gründen die Hauptverwaltung ein digitales Kommunikationssystem erhält, das mit der Informationstechnologie gekoppelt werden soll. Die Niederlassung in XX erhält einen *Softswitch* für Daten und Sprache mit VoIP-Technologie. Die übrigen Niederlassungen behalten ihre ISDN Systeme.

Die Infra- und Netzstruktur (Bild 9.5) wird den Anforderungen entsprechend ausgelegt und soll die folgenden neuen Leistungsmerkmale haben:

> Integration des Kommunikationssystems der Hauptverwaltung mit der Informationstechnologie über CTI

> Installation eines VoIP-Systems für eine Niederlassung

> Aufrüsten der übrigen Niederlassungen

> Gesicherte WLAN Übertragung vom Laptop

> Corporate Network für Telefonübertragung

> Anbinden von Heimarbeitsplätzen

> Zentrale Administration

> Zentrale Services wie Voice Mail, Service Center

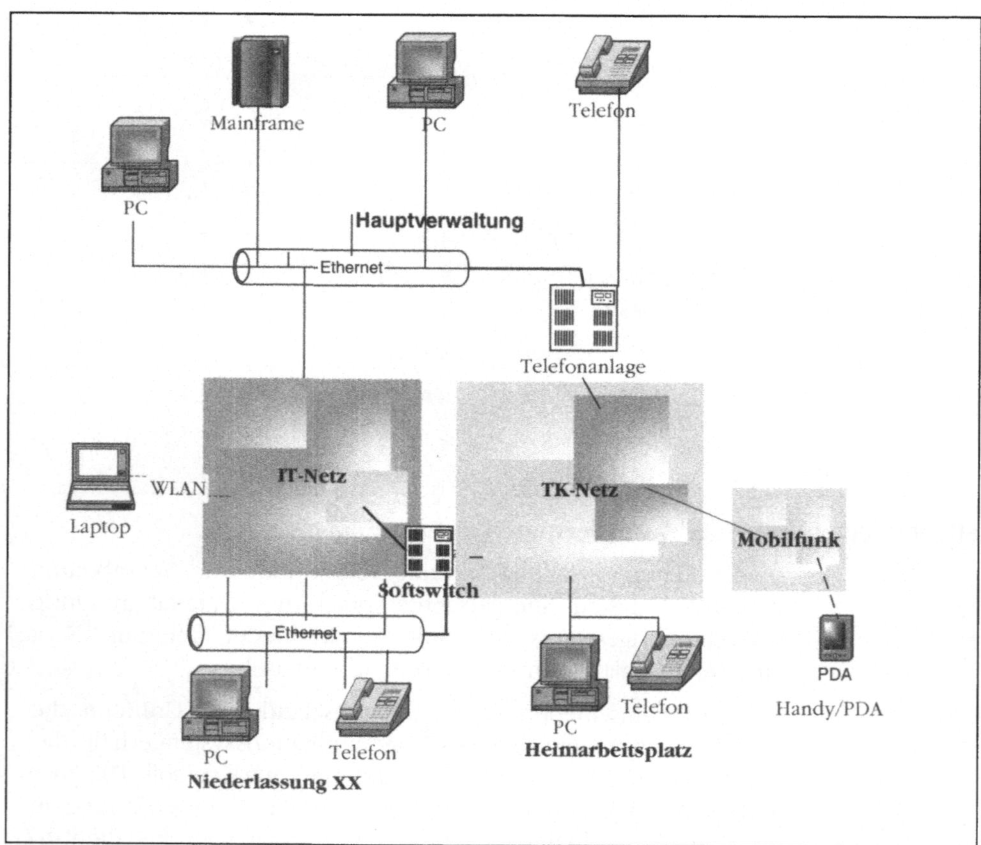

Bild 9.5: Neue Infrastruktur

9.8.3   Geschäftsprozesse

Die *Geschäftsprozesse* werden untersucht, inwieweit sie von der Kommunikation abhängig sind. Dabei werden unterschieden:

> ➤ Planbare Kommunikation, die beispielsweise regelmäßig in Verbindung mit der Informationsverarbeitung zwischen oder innerhalb von Prozessstufen auftreten kann

> ➤ Nicht planbare Kommunikation, die jedoch regelmäßig erfolgt

In beiden Fällen muss der Bedarf an externen oder internen Informationen festgelegt werden. Informationen können auch Entscheidungen sein. Darüber hinaus ist eine operative Verhaltensweise zu erarbeiten, die die geeignetesten Kommunikationsverfahren und die Art und notwendige Schnelligkeit der Reaktion projiziert.

Das Ergebnis sind technische, personelle und organisatorische Anforderungen.

9.8.4   Einflussfaktor Mitarbeiter

Die Anzahl der Mitarbeiter und Führungskräfte hat einen quantitativen Einfluss auf die Gestaltung der Kommunikation; die Menge der Personen kann zu unterschiedlichen Ausprägungen der Anwendungen und einer speziellen technischen Lösung führen.

Arbeitsort, Anzahl der Mitarbeiter und Aufgabe sind wesentliche Einflussgrößen

Arbeitsorte sind das Büro, zu Hause sowie unterwegs in Hotels oder an anderen Plätzen.

Die Aufgabenstruktur erfordert eine unterschiedliche Qualifikation und damit zu einem unterschiedlichen Kommunikationsbedarf und -produkten.

Die Beschreibung der Endgeräte der Mitarbeiter ergibt sich aus Tabelle 9.4 und wird unterschieden nach einzelnen Standorten oder anderen unternehmensspezifischen Merkmalen.

Aufgabe	Stationär (Büro und Heim)			Unterwegs		
	UMS[1]	Telefon[2]	E-Mail[3]	Laptop[4]	Handy[5]	DÜ[6]
Geschäftsführung	3	3	3	3	3	3
Führungskräfte Hauptverwaltung	50	50	50	50	50	50
Vertrieb	125	125	125	100	125	100
Mitarbeiter Hauptverwaltung	250	50	250	50	50	30
xxxxxx						
yyyyyyy						

Tabelle 9.4: Geplante Anzahl der eingesetzten Produkte

Erläuterung:

1. Der PC wird für alle Mitarbeiter mit Unified Messaging UMS ausgestattet.

2. Die Telefone werden standardisiert und auf wenige Typen reduziert.

3. Die Ausstattung mit E-Mail steht hier als Beispiel für monologorientierte Kommunikation wie auch Voice-Mail

4. Die Kommunikationseigenschaften des Laptops werden einheitlich festgelegt

5. Handys, Smartphones oder PDAs sowie der Netzbetreiber werden einheitlich festgelegt

6. Die erforderliche Datenübertragung wie für WLAN mit den entsprechenden Sicherungsmechanismen wird vorgegeben

9.8.5   Migration

Für die Hauptverwaltung sowie die Niederlassung XX müssen die Endgeräte austauscht werden, damit die Nutzung von neuen, zusätzlichen Funktionen des neuen Kommunikationssystems ermöglicht wird.

Die *Migration* hat die größten Konsequenzen für die Niederlassung XX. Dort werden die Benutzer mit neuen VoIP-Endgeräten und neuen Funktionen arbeiten, die geschult werden müssen.

Bei diesem Übergang von einem „klassischem" Kommunikationssystem zur IP-Telefonie bei der Niederlassung XX sind zwei Aspekte für die Kosten von besonderer Bedeutung:

> ➤ Die Verbesserung des Datennetzes, um die erforderliche Qualität der Telefonübertragung zu erhalten. Diese Kosten lassen sich am besten abschätzen, wenn vorab eine Netzwerkanalyse gemacht wird

> ➤ Die Schulung der Benutzer, da die Bedienung auch über den PC erfolgen kann

Bei dem Technologiewechsel zur *IP-Telefonie* kann der Übergang schrittweise vorgenommen werden, indem bestehende analoge oder digitale Endgeräte vorübergehend eingesetzt werden. Das erfordert jedoch Kosten für Adapter, die später nicht mehr benötigt werden.

9.9   Bewertung der Investition

Die Klassifizierung des Vorhabens ist wichtig, um die Methoden für die *Bewertung des Investitionsvorhabens* festzulegen. Entscheidend ist hierbei, dass der Aufwand in einem angemessenen Verhältnis zu der Bedeutung der Investition für das Unternehmen stehen muss.

Durch die Klassifizierung wird der Aufwand für das Vorgehen festgelegt

In dem Beispiel ist die Priorität A (Bewertungskriterien s. Kapitel 7.3.3), da zwei der drei Faktoren kritisch sind:

> ➤ Hohe Kosten: Großer Investitionsaufwand für das Kommunikationssystem, die Endgeräte, die Infrastruktur

> ➤ Geringes Risiko: Standardprodukte, die kontrolliert in Schritten eingeführt werden können

> ➤ Große Auswirkungen auf unternehmerische Ziele: Ist gegeben, besonders hinsichtlich der Produktivitätsverbesserung und der Kundenorientierung

Der Typ der Investition ist „ob/wie", d.h.

> ➤ ein Teil des Vorhabens besteht aus dem Ersatz des vorhandenen Kommunikationssystems. Hier besteht die Entscheidung primär darin, *wie* das System bestellt werden soll (Lieferant, Preis, Termin...)

> ➤ ein anderer Teil besteht aus unterschiedlichsten zusätzlichen Leistungen, die sowohl vom Lieferanten des Kommunikationssystems als auch von Netzbetreibern zu leisten sind. Sie betreffen auch die Integration mit der Informationstechnik. Hier ist zu klären, *ob* diese Leistungen beschafft und eingesetzt werden sollen.

Ausgangspunkt für die Entscheidung ist die Auswahl der *Bewertungskriterien*

> ➤ mit Kostenvergleichen

> ➤ mit Wirtschaftlichkeitsrechnungen

> ➤ nach unternehmerischer Zielsetzung

Kostenvergleiche werden zwischen Anbietern vergleichbarer Leistung für das gesamte Kommunikationssystem durchgeführt. Voraussetzung dafür ist, dass alle vorhandenen Produkte zum gleichen Zeitpunkt ausgetauscht werden.

In diesem Beispiel müssen die Investitionen aber nicht nur für das zentrale Kommunikationssystem sowie den Softswitch der Niederlassung XX betrachtet werden. Die Anlagen in den anderen Niederlassungen müssen ggf. aufgerüstet oder erneuert werden, um über das Netz gemeinsam Services nutzen zu können. Dazu gehören die Nutzung zentraler Server wie auch die zentrale Administration.

Wirtschaftlichkeitsuntersuchungen werden für die Summe der Anwendungen analog den im Kapitel 7 beschriebenen Verfahren durchgeführt. Eingeschlossen ist hier die Netzadministration sowie zentrale Services. Einzelne Anwendungen der Netzbetreiber werden separat gerechnet.

Nicht betrachtet werden Unified Messaging und Voice-Mail, weil diese Anwendungen immer wirtschaftlich sind.

Die Bewertung der Anwendung und der damit verbundenen Kosten nach unternehmerischen Zielen ist besonders bei der Kundenorientierung und den Sicherheitsanforderungen wichtig, da hier Wirtschaftlichkeitsrechnungen schwierig durchzuführen sind. In diesen Fällen ist die erwartete Wirkung auf den Kunden bzw. die Einschätzung des Schutzbedarfs die Grundlage.

9.10   Investitionsentscheidung

9.10.1   Entscheidungsvorlage

Die Entscheidungsvorlage muss dem Projekt angemessen sein. In diesem Beispiel, das ein entsprechendes Auftragsvolumen enthält und eine große Bedeutung für das Unternehmen hat, ist sie umfassend Tabelle 9.5).

Komplex	Detaillierung
Beschaffungsumfang	➢ Kommunikationssystem Hauptveraltung ➢ Softswitch für die Niederlassung XX ➢ Neuer K-Service: Voice-Mail ➢ Neue Anwendungen : Service Center, UMS ➢ Zentrale Administration ➢ Aufrüstung der Anlagen der Niederlassungen ➢ Corporate Network usw.
Geschätzte Investitionskosten	➢ 500.000 € (Quelle Informationsangebote)
Folgekosten	➢ Wartungskosten für Kommunikationssystem (HV und NL)...... p.a. ➢ Kosten Corporate Network ➢ Zusätzliches internes Personal für Administration ➢ usw.
Nutzungsdauer	5 Jahre
Bewertung	➢ Unternehmensziele werden jeweils ausreichend unterstützt (detaillieren) ➢ Ergebnisse der Wirtschaftlichkeitsrechnungen sind zufrieden stellend ➢ Kostenvergleich: 2 Hersteller sind preislich führend und gleich

Komplex	Detaillierung
Methode der Durchführung	➢ Keine Ausschreibung, ➢ Angebote der zwei Hersteller
Terminplan	➢ Realisierung in 3 Stufen, Dauer 18 Monate, Beginn... ➢ Installation der Hauptverwaltung und Einführung neuer Anwendungen ➢ Aufrüsten der Niederlassung ➢ Einführung neuer Anwendungen wie UMS und Voice Mail ➢ Zentrale Administration
Notwendige interne Aktivitäten	➢ Aufbau der notwendigen Projektorganisation (Lenkungsausschuss, Projektsteuerung, Projektleiter) ➢ Internes Marketing, Schulung ➢ Schulung der Mitarbeiter für neue Anwendungen und K-Services
Vertragliche Bindungen	➢ Wartungsverträge für die alten Anlagen werden überführt

Tabelle 9.5: Entscheidungsvorlage für die Kommunikation

9.10.2   Auswahl des Lieferanten

Die Auswahl des *Lieferanten* ist von wesentlicher Bedeutung. Es ist heute nicht mehr sichergestellt, dass ein Lieferant nicht während der Dauer der geschäftlichen Beziehung aufgekauft wird oder die Produkte aufgibt. Deshalb werden für die zwei in Frage kommenden Lieferanten die folgenden Aspekte geklärt:

➢ Finanzielle Basis

➢ Ausreichende Kundenbasis

➢ Kompetente Mitarbeiter

➢ Technologische Führerschaft

➢ Ausreichende regionale Betreuung möglich

➢ Notwendiges know how in der Nähe vorhanden

> *Lösungen werden häufig ohne Alternativen geplant; die Gründe hierfür sind einerseits Zeitmangel, andererseits das Denken in gewohnten Bahnen.*

Wichtig für ein Projekt sind Alternativen, die sich nicht nur in den Kosten unterscheiden:

- Unterschiedliche Leistungen
- Unterschiedlicher Support
- Unterschiedlicher Nutzen
- Unterschiedliche Verbreitung der Lösung (Referenzen)
- Unterschiedliche Kosten
- Einhalten von Standards

In Alternativen denken

Beispiele:

- Leistungsangebote: Leistungsfähige und teure Übertragungsleitungen, die gegenwärtig nicht benötigt werden, aber für eine Übergangslösung verwendet werden können.

- Unterstützung: Inhomogene Produkte, die zwar preiswert sind, aber spezielle Kenntnisse benötigen

- Nutzen: Endgeräte mit unterschiedlichem Leistungsangebot, die eine wirtschaftliche Schulung erschweren. Oder zu umfangreiche Leistungen, die die Anwender nur verwirren.

- Verbreitung der Lösung: Ist hinsichtlich der Ausgereiftheit der Produkte von großer Bedeutung

- Kosten: Niedrige Beschaffungskosten können erhebliche Nachteile in anderen Bereichen wie Stabilität, Unterstützung bei Problemen usw. haben.

9.10.3 Ausschreibungen und Verträge

Für dieses Projekt wird keine Ausschreibung gemacht, da die zwei Lieferanten auf Grund der eingesetzten Produkte und der Marktsituation feststehen. Die Angebote werden verglichen, um möglicherweise Hinweise auf noch nicht beachtete Lösungsmöglichkeiten zu erhalten.

Verträge sind der Leitfaden der Zusammenarbeit mit den Lieferanten. Sie werden nach den in Kapitel 7.7 genannten Grundsät-
zen erarbeitet. Besonderer Wert wird dabei auf die enge Verzah-
nung der unternehmerischen Zielsetzung mit der juristischen
Komponente gelegt.

Es werden die folgenden Verträge abgeschlossen:

> ➤ Beratungsvertrag über die Entwicklung eines
>   Kommunikationskonzeptes (bereits vorab geschehen)

> ➤ Miet- oder Kaufvertrag für das gesamte Kommunikati-
>   onssystem

> ➤ Verträge mit den Netzbetreibern über Anwendungen

> ➤ Entwicklungsverträge für die Integration des Kommuni-
>   kationssystems mit der Informationsverarbeitung

> ➤ Lizenzverträge für Standardsoftware

Für den Abschluss von Wartungsverträgen muss überprüft werden, inwieweit sie notwendig sind oder die fallweise Beseitigung
von Mängeln nicht sinnvoller ist.

10 Die Kommunikation realisieren und betreiben

Das Management ist besonders gefordert, wenn neue Technologien und neue Anwendungen eingeführt werden sollen. Eine unzureichende Einführung kann die gesetzten Ziele über den Haufen werfen und damit die Investition unrentabel gestalten. In diesem Kapitel wird auf Besonderheiten bei der Realisierung und des Betriebes bei der Kommunikation eingegangen; ein wesentliches Thema ist dabei, Investitionen hinsichtlich ihres geplanten Nutzens zu kontrollieren.

Aus der Praxis

Bei mehreren Unternehmen habe ich den Einsatz von Voice-Mail Systemen beobachten können. Die Mitarbeiter haben sich sofort eine Mailbox einrichten lassen und Nachrichten an Dritte in großem Umfang versandt. Nachdem die Euphorie über das neue Spielzeug schnell nachließ, wurden die Mailboxen nicht mehr zuverlässig abgefragt; damit war das System tot und konnte auch nicht mehr wiederbelebt werden. Hier fehlte die Verpflichtung der Mitarbeiter regelmäßig, d.h. mindestens einmal täglich, ihre Mailbox abzufragen! Dieses Problem ist allerdings heute bei der Verwendung von Unified Messaging nicht mehr gravierend, da am Bildschirm alle eingegangenen Nachrichten angezeigt werden.

10.1 Stufen der Realisierung

Kommunikationsprojekte sind komplex und greifen immer in ein lebendes, d.h. ständig genutztes Kommunikationsnetz ein. Deshalb sollten sie in überschaubaren Stufen realisiert werden. Die Umsetzung sollte in verschiedenen Stufen erfolgen:

> Planung der Umsetzung

> Piloteinführung

> Anpassung der Planung

> Einsatz des Systems

Die *Planung der Umsetzung* sollte das Vorgehen, die Organisation, die technische Realisierung, die Schulung und die Kontrolle umfassen. Es ist wichtig zu berücksichtigen, dass Fehler in der Projektplanung mit dem Projektfortschritt hohe ungeplante Aufwendungen erfordern, die überproportional wachsen (Bild 10.1).

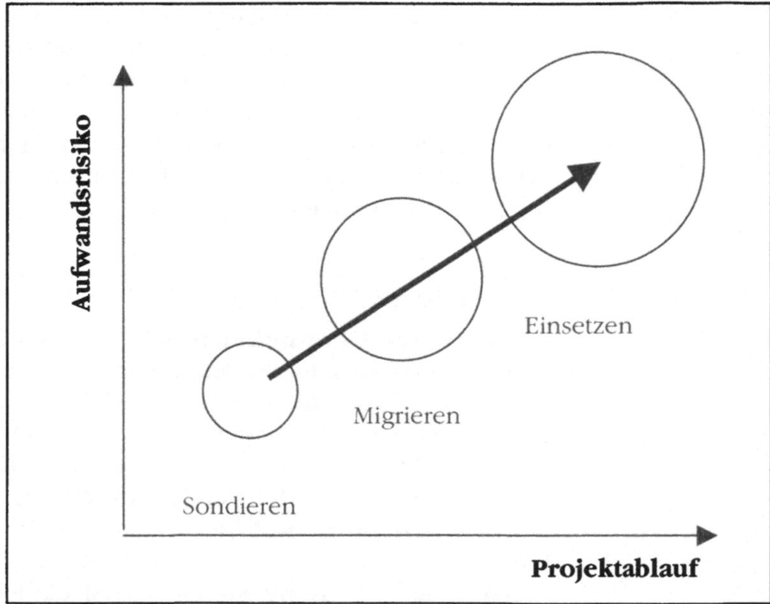

Bild 10.1:   Zunahme des Aufwandsrisikos bei Fehlplanungen

Projekte bergen immer Risiken

Das Sondieren komplexer Projekte soll Risiken verhindern, die dadurch entstehen, dass neue Technologien und neue Anwendungen sofort und komplett eingeführt werden. Es daher empfehlenswert, bestimmte Änderungen erst einmal bei *einem Piloten* begrenzt auszuprobieren. Das Ergebnis soll Schwachstellen aufdecken:

➤ Technische Vollständigkeit

➤ Akzeptanz der neuen Kommunikation beim Anwender

➤ Administrative Beherrschung

➤ Sicherheitsaspekte

Die *Planungsanpassung* muss systematisch die beim Piloten gesammelten Erfahrungen in eine revidierte Planung umsetzen.

Der *Einsatz der neuen Kommunikationssysteme* kann erst erfolgen, wenn die personellen, administrativen und technischen Voraussetzungen erfüllt sind. Danach muss das Projekt in der ersten Phase intensiv betreut werden, wobei Mängel erkannt und schnell beseitigt werden müssen. Verbesserungen sind ggf. zusammenzufassen und in einer späteren Version zu realisieren.

10.2 Organisatorische Aspekte

10.2.1 Verantwortlichkeiten

Die Realisierung eines solchen Projektes der Kommunikation stellt keine spezifischen organisatorischen Anforderungen. Jedoch sollten bestimmte Regeln beachtet werden.

Verteilung der Aufgaben

Die Durchführung muss auf drei unterschiedlichen Ebenen erfolgen:

> ➤ Ebene 1: Die Geschäftsführung, die alle maßgeblichen Entscheidungen und Kontrollaufgaben erfüllt (Termine, Budget, Vertragserfüllung von Lieferanten, Personalentscheidungen). Damit wird die Atmosphäre der fachlichen Arbeitsgruppen nicht durch unangenehme Diskussionen belastet.

> ➤ Ebene 2: Die Steuerung und damit Kontrolle durch einen unabhängigen Projektadministrator

> ➤ Ebene 3: Die fachliche Arbeit unter Leitung von Projektleitern

Die für das Projekt erforderlichen Maßnahmen müssen kontinuierlich und nachhaltig geplant, kontrolliert und revidiert werden. Bei größeren Projekten ist ein erfahrener Projektmanager einzusetzen.

10.2.2   Festlegung der Organisation

Die *Aufbauorganisation* der Kommunikation als Teil der Informations- und Kommunikationstechnologie ist ein Gerüst, das die Geschäftsprozesse unterstützt.

Für die Organisation der Kommunikationstechnologie gelten die gleichen Regeln wie auch für andere entsprechende Komplexe:

> ➢ Die Festlegung der Aufgaben

> ➢ Die Festlegung der Organisationsstruktur

> ➢ Regelmäßige Überprüfung und Anpassung von Aufgaben und Struktur

Die Orientierung erfolgt an den unternehmerischen Zielen. Ziele und ein Teil der Aufgaben sind für die Informationsverarbeitung und Kommunikation identisch. Deshalb müssen die Struktur und die Aufgaben der Organisation gemeinsam betrachtet werden. Um diese Integration zu erreichen, muss die Informations- und Kommunikationstechnologie von einer technischen in eine geschäftsorientierte Disziplin überführt werden.

> *Ein Zusammenführen der Informations- und Kommunikationstechnologie darf nicht nur auf dem Papier vollzogen werden, weil sonst das integrative Potenzial beider Technologien für die Optimierung der Geschäftsprozesse nicht genutzt werden kann.*

Es ist daher wichtig zu verstehen, welche Aufgaben zu erfüllen und welche Schnittstellen dabei zu beachten sind.

Organisationsformen entwickeln sich leider nicht nur aus Bedürfnissen oder Anforderungen, sondern unterliegen auch Trends oder Moden. Es weckt die Aufmerksamkeit vieler, wenn Theorien aufgestellt werden, die eine neue Ära in den Unternehmen einleiten sollen. Bespiele hierfür gibt es viele:

> ➢ Lean Management

> ➢ Fraktale Unternehmen

> ➢ Virtuelles Büro

> ➢ Telearbeit

Besonders das Internet regt viele an, über eine sog. Demokratisierung der Unternehmen, was immer das sein mag, nachzudenken.

Es hat sich in der Vergangenheit gezeigt, dass solche neuen Ideen sich nur partiell durchsetzen, weil die gegebenen Randbedingungen nicht ausreichend gewürdigt wurden. Besonders betrifft es den Menschen, seinen Bedarf an persönlicher Kommunikation und sein Arbeiten in einer vertrauten Umgebung. Die Kernkompetenzen der Unternehmen spielen ebenfalls eine nicht unwichtige Rolle.

Wo diese Trends greifen oder auch nur ansatzweise vorhanden sind, haben sie bedeutende Auswirkungen auf die Organisation der Kommunikation:

> Das *Virtuelle Büro*, das fraktale Unternehmen wie auch Telearbeit erfordern durch andere technischen Einrichtungen auch andere Leistungen. Dazu gehören u.a. Helpdesks, ggf. andere Verträge mit Netzbetreibern, um entfernte Arbeitsplätze einzubeziehen, sowie andere Sicherheitslösungen.

> *Outsourcing* erfordert eine klare Entscheidung über die verbleibenden Kernkompetenzen der IuK

> Die Präsenz auf vielen internationalen Märkten verlangt eine Trennung zwischen nationalen und internationalen Verantwortlichkeiten. Durch Kooperationen oder der Eingliederung von Firmen entstehen große Probleme hinsichtlich der Standardisierung.

Standardisierung bei der Kommunikation ist wichtig

Aus der Praxis

In einem weltweit operierenden Unternehmen wurde die Standardisierung von Kommunikationsverfahren diskutiert. Dem Vorschlag, ein E-Mail System weltweit als Standard festzulegen wurde entgegengehalten, dass man die Zahl der E-Mail Systeme von 10 auf die Hälfte reduzieren sollte, um starke nationale Interessen zu berücksichtigen. Hier zeigte sich deutlich, dass die zentrale IuK noch nicht ausreichend verstanden hatte, internationale Standards gegen alle Widerstände durchzusetzen.

10.2.3   Die Aufgaben

Die Aufgaben für die Kommunikation unterscheiden sich nach ihren speziellen Anforderungen und denen, die gemeinschaftlich mit der Informationsverarbeitung betrachtet werden müssen.

Gemeinschaftliche Aufgaben der IuK, die für die Kommunikation von Bedeutung sind

Planung

> die Gesamtkonzeption der Aufgaben entsprechend den unternehmerischen Zielen

> das Produktmanagement für interne und externe Leistungen

Anwendungsunterstützung

> das Helpdesk

> die Anwendungshilfen wie Anwendungsbeschreibungen

Technischer Betrieb

> Operating Rechenzentrum und Vermittlung

> Operating Netze, Server

> Administration der Zugangskontrolle

Sicherheit

> die Festlegung und Überprüfung aller Sicherheitsmaßnahmen

> ihr Einfügen in das Gesamtkonzept des Unternehmens

Kaufmännische Verwaltung

> die Beschaffung (Ausschreibungen, Verhandlungen)

> die Inventarisierung

> Vertragsgestaltung

Kontrollierende Aufgaben

> kaufmännisches Controlling

>> o   die unabhängige Bewertung von Investitionsentscheidungen

>> o   die regelmäßige Überprüfung getroffener Investitionsentscheidungen

>> o   IuK Revision

>> o   Sicherheitsmanagement

Realisierung

> Projektmanagement

Spezielle Aufgaben für die Kommunikation

Realisierung

> die Entwicklung von Anwendungen oder speziellen Produkten

> die Beschaffung von Produkten der Kommunikation

> die Beschaffung von speziellen Dienstleistungen

> Schulung und Training

Externe Dienstleistung erfordert eigene Kompetenz
Wesentlichen Einfluss auf die Realisierung hat die Aufteilung der Aktivitäten zwischen internen und extern zu beschaffenden Leistungen. Argumente für eine solche Entscheidung sind z.B. die Verfügbarkeit von Wissen und die Dauer des Bedarfs. Es muss sichergestellt werden, dass ein ausreichendes Wissen und damit Kernkompetenz im Unternehmen verfügbar ist, um externe Auftragnehmer zu steuern.

10.2.4   Die Organisation

Die Organisationsstruktur der Kommunikation und ihre Eingliederung in den Gesamtbereich IUK muss sich an den Aufgaben orientieren. Diese müssen unterteilt werden nach operativen und kontrollierenden Maßnahmen (Bild 10.2).

Die *kontrollierenden Aufgaben* sollten *nicht* in der IuK angesiedelt werden, weil dort

> die technische Notwendigkeit von Anschaffungen häufig überbewertet wird

> die Verbindung von Investitionen zu den unternehmerischen Zielen möglicherweise nicht ausreichend im Vordergrund steht

> kein Interesse daran bestehen kann, eigene Fehleinschätzungen aufzudecken.

Es wäre sinnvoll, eine solche Funktion im Controlling anzusiedeln und mit Mitarbeitern zu besetzen, die umfassende Erfahrungen oder Kenntnisse des IuK Umfeldes haben.

Bild 10.2: Aufgabenkomplexe der IuK

Für die kontrollierenden Abteilungen müssen Rechte und Pflichten festgelegt werden, sodass ihre Arbeit durchführbar ist.

Die Pflichten sind u.a. die absolute Vertraulichkeit sowie die konsequente vertrauensvolle Zusammenarbeit mit den operativen Managern und Mitarbeitern.

Die Rechte bestehen u.a. aus:

> Recht auf Zugang zu allen Informationen

> Recht auf Kopieren aller Informationen

> Recht, Beratungskapazität hinzuzuziehen

Die Aufgaben des kaufmännischen Controllings umfassen alle operativen Aufgaben des Finanz- und Rechnungswesens.

Die *IuK Revision* ist verantwortlich für die Kontrolle und Optimierung der IuK Aktivitäten (Tabelle 10.1).

Die Aufgaben für die Sicherheit, repräsentiert durch Sicherheitsbeauftragte, wie auch die des Controlling sollten ebenfalls nicht der IuK Leitung unterstellt werden, da sie sonst ihre neutrale und unabhängige Kontrollfunktion verlieren.

Aufgabe	Aktivitäten
Prüfen der Einhaltung der Unternehmensziele sowie der daraus abgeleiteten Beschlüsse der Geschäftsleitung für die IuK Aktivitäten	➤ Prüfen der Konsistenz dieser Regelungen ➤ Prüfen der Durchführbarkeit ➤ Prüfen der Einhaltung z.B. von Entscheidungsprozeduren
Prüfen von Investitionsvorhaben	➤ Einhaltung der Investitionsplanung ➤ Einhaltung prognostizierter Ziele (Kosten, Nutzen....) ➤ Bericht über das Einhalten von Planungen ➤ Überprüfung der Rückkopplung von Erfahrungswerten bei Fehlplanungen ➤ Kontrolle der persönlichen Verantwortlichkeit
Prüfen der Beschaffung von IuK Produkten	➤ Überprüfung der festgelegten Verfahren wie Ausschreibungen ➤ Überprüfung der Auswahl von Lieferanten ➤ Überprüfung der Entscheidungsfindung

Prüfen der unternehmerischen Risiken durch IuK	➤ Überprüfung von wesentlichen Investitionsvorhaben hinsichtlich
	    o ihrer technischen Risiken
	    o ihrer Auswirkungen auf Geschäftsprozesse

Tabelle 10.1: Aufgaben der IuK Revision (Beispiele)

10.3 Kommunikation und Kompetenzen

Die Kommunikation ist keine technische Frage allein; ihr Erfolg beruht auf dem Zusammenspiel von Technik und ihrer Anwendung. Wichtig ist, dass Führungskräfte und Mitarbeiter die Bedeutung der Kommunikation verstehen und ihr Handeln danach ausrichten.

Von entscheidender Bedeutung ist, dass das notwendige Wissen über die Planung, Weiterentwicklung und den Betrieb im eigenen Hause vorhanden ist. Das sind *Kernkompetenzen*; wenn sie fehlen, können die unternehmerischen Ziele nicht mehr erreicht werden, da externe Firmen oder Mitarbeiter die eigenen Bedürfnisse und Randbedingungen nicht kennen.

Zitat

„Alliancen seindt zwahr gutt, aber eigene Krefte noch besser, darauff kann man sich sicherer verlassen"
Der große Kurfürst 1640-1688

Beispiele:

> *Verlagerung der gesamten Kommunikation* bedeutet, dass dann die Anwendung technisch geprägt ist. Notwendig ist auf jeden Fall der Verbleib der Produkt- und Anwendungsplanung im Hause, damit aus der engen Verzahnung von unternehmerischen Zielen, Geschäftsprozessen und arbeitsplatzorientierten Anforderungen der Einsatz optimaler Produkte Gewähr leistet ist.

> *Verlagerung nur des Betriebes* bedeutet, dass Probleme zwar beseitigt werden, jedoch keine Rückkopplung mit der Planung erfolgt. Es ist wichtig, die Planung und Steuerung in der Hand zu behalten.

Viele Unternehmen, die die Kommunikation als rein technisch orientierte Dienstleistung sehen, können jedoch eine weit gehende *Auslagerung* der Kommunikation durchaus ins Auge fassen.

10.4 Kommunikation und Ausbildung

Die Benutzer, d.h. die Führungskräfte und ihre Mitarbeiter, müssen ständig und systematisch informiert werden, bis ihnen eine optimale Verhaltensweise bei der Kommunikation in Fleisch und Blut übergegangen ist. Das wird und muss nicht bei allen gelingen, da bei der Kommunikation kein Zwangsablauf wie bei der Datenverarbeitung vorgegeben sein kann.

Die Information muss regelmäßig erfolgen und sollte die Benutzer in der Handhabung schulen (Bild 10.3) und ihnen immer wieder ein ideales Kommunikationsverhalten vergegenwärtigen.

GRUNDLAGEN ZUM VERSENDEN VON PC-FAXEN

Faxversand aus einer Anwendung heraus (Word, Excel)

Sie schreiben ein Fax wie gewohnt in Word unter Verwendung der offiziellen HMC-Vorlage. Zum Versenden klicken Sie auf

- Datei

- Drucken

- ferrariFAX32 als Druckernamen auswählen

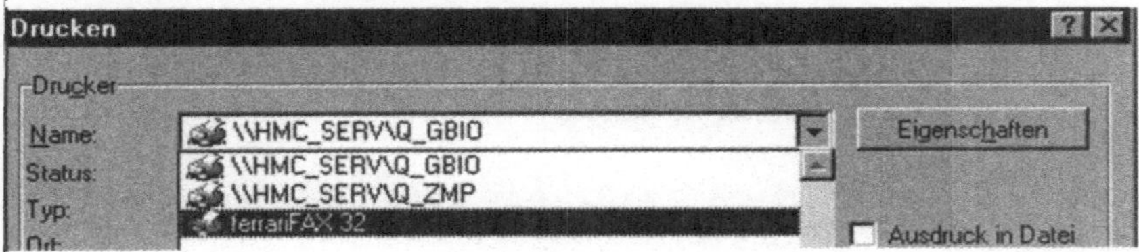

- OK anklicken

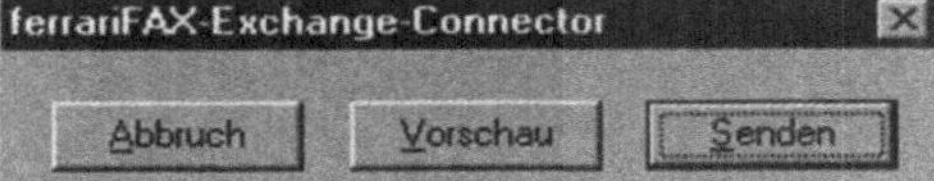

- Es öffnet sich folgendes Dialogfeld

- Klicken Sie auf *Senden*: Das Dokument wird einer E-mail im DCX-Format angehängt

- Empfänger sind in folgendem Format direkt in das AN bzw. CC Feld einzugeben:

[FAX:Faxnummer]

(Die eckigen Klammern [ ] erhalten Sie über die Tastenkombination AltGr+8 bzw. AltGr+9)

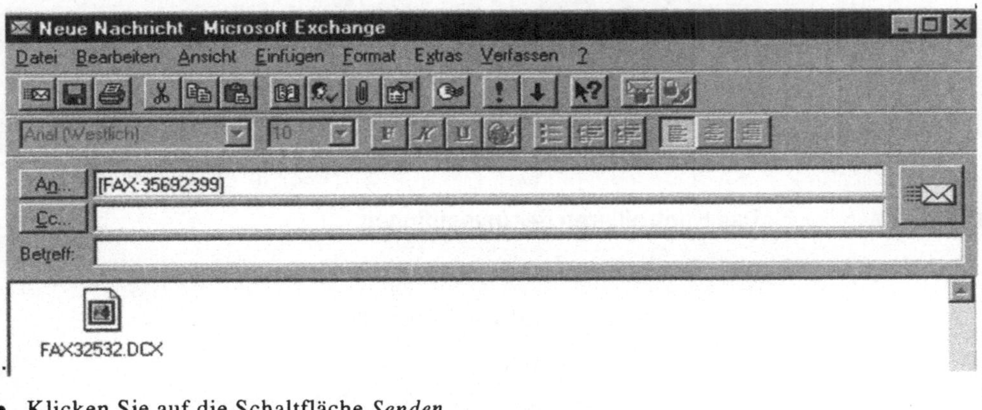

- Klicken Sie auf die Schaltfläche *Senden*

Bild 10.3: Anleitung über das Versenden von Fax aus dem PC (Quelle Hamburg Messe und Congress)

10.5   Kommunikation und Kontrolle

Planungen beruhen auf Vorstellungen, die sich aus den Erfahrungen, Kenntnissen und Hoffnungen der Planer herleiten. In der Praxis erweist sich aber immer wieder, dass sich die als realistisch eingeschätzten Planungen in der Regel als zu optimistisch erweisen. Der Grund hierfür ist, dass fast immer Neuland betreten wird und nicht kalkulierbare Ereignisse eintreten. Es ist daher auch im Hinblick auf zukünftige Projekte wichtig, die Plandaten während der Abwicklung und auch später zu kontrollieren. Der Schwerpunkt der Kontrolle wird in der Regel während der Realisierung bei den Kosten und Terminen liegen, nach dem Abschluss des Projektes sich auf die versprochenen qualitativen und quantitativen Nutzen beziehen.

Investitionen ohne Kontrolle sind uneffizient

Die Kontrolle der Kommunikation kann nach verschiedenen Gesichtspunkten erfolgen.

Die Schwerpunkte sind dabei:

> ➤ Das Kontrollieren der Investitionen

> ➤ Optimieren im Sinne eines Benchmark-Vergleiches

> ➤ Prüfen des Kommunikationsverhalten

> ➤ Überprüfen des Sicherheitsniveaus

Wichtig ist auch hier, dass die Kontrolle kein Selbstzweck ist und den Aufwand rechtfertigt.
Kontrollierende Maßnahmen sollten zu Beginn eines Projektes festgelegt werden.

10.5.1   Das Kontrollieren der Investitionen

Die *Kontrolle von Investitionen* hat verschiedene Aspekte:

> ➤ den Aufwand zur Kontrolle

> ➤ die Verminderung von Risiken

> ➤ die Kontrolle einzelner Projektvorgaben

> ➤ die Gesamtkontrolle aller IuK Kosten

Das Kontrollieren einzelner Projekte sollte sich auf die Parameter beziehen, die für die Entscheidung von Bedeutung waren.

Hier sollten unternehmensspezifische Regelungen gelten, die den Aufwand angemessen halten.

Um den Aufwand für die Kontrolle zu reduzieren, sollten die Projekte je nach ihrer Klassifizierung unterschiedlich intensiv geprüft werden:

Die Kontrolle einzelner Projekte vom Typ A+B (s. Kapitel 7.3.3 Klassifizierung) ist nicht nur konsequent über die Dauer einer Einführung durchzuführen, sondern über die gesamte Laufzeit, sofern mit der Investitionsentscheidung bestimmte Erfolge verbunden werden. Geschieht das nicht, so werden durch das Versprechen hoher Renditen Investitionen genehmigt.

Sind alle Faktoren gering einzuschätzen, dann sollte man die Aufgabe mit anderen zusammenfassen und nur die Kosten kontrollieren (C Projekte).

> *Wichtig ist, dass alle Beteiligten die Kontrolle als unternehmerisches Verhalten ansehen. Das geht alle an. Die Kontrolle darf nicht dazu führen, dass es eine Frontstellung zwischen den Kontrollierenden und den Kontrollierten gibt.*

Risiken

Die Feststellung von Risiken bezieht sich bei der Kontrolle auf Ereignisse, die nicht eingeplant waren und durch ihr Auftreten das Projekt verzögern, verteuern oder möglicherweise sogar den Abbruch verursachen können. Die Erkenntnisse sollten, sofern sie keinen eindeutig einmaligen Charakter haben, mit in die Liste der bei der Projektplanung zu berücksichtigenden Prüfparameter hinzugefügt werden.

Die Gesamtkontrolle aller IuK Kosten sollte verschiedene Ziele verfolgen :

> ➢ Trends in der Verteilung der verschiedenen Kostenarten zu erkennen (Beispiele: Kommunikationskosten, Entwicklungskosten, interne gegenüber externen Personalkosten, Wartungskosten)

> ➢ Vermeiden der Möglichkeit, Kosten in anderen Positionen zu verstecken, um beispielsweise Kostenüberziehungen nicht sichtbar zu machen.

> durch Reviews immer Kosten und Kostenüberschreitungen bei gleichen Kostenarten zu vergleichen. Im Zentrum der Betrachtungen sollte hier nicht die Bestrafung von zu optimistischen Planern liegen, sondern die Verwertung der Erfahrungen für neue Projekte.

10.5.2   Optimieren durch Vergleich mit Messgrößen

Ein Unternehmen tut gut daran, die Faktoren zur Bewertung der Kommunikation in einer den Bedürfnissen des Unternehmens angepassten *Checkliste* zur Überprüfung zu verwenden (Tabelle 10.2). Die Überprüfung als Kommunikations-Audit sollte in zeitlich festgelegten Abständen ablaufen.

Mängel	Messgröße
Mangelhafte Bedienbarkeit der Anwendung	Vergleichsergebnisse zwischen Mitarbeitern unterschiedlicher Qualifikation. Zu große Leistungsmängel bei den meisten Mitarbeitern deuten auf Mängel der Bedienbarkeit hin, die nur besonders gute Mitarbeiter kompensieren können.
Zur Verfügungsstellung eines zu großen und nicht oder nur selten benutzten Anwendungsspektrums für Mitarbeiter oder mangelhafte Schulung der Mitarbeiter	Beides führt in der Regel zu einer hohen Belastung von Helpdesks (messbar) oder von kompetenteren Kollegen (nicht messbar).
Zu hohe Ausfälle	Realistische Statistiken
Mangelnder Standardisierungsgrad	Überprüfung der eingesetzten Endgeräte und Software
Unzureichendes Projektmanagement	Einhaltung der Termine und Kosten
Keine ausreichende Sachkompetenz im eigenen Haus	Notwendigkeit ungeplanten Einsatzes von externen Kräften
Zu hohe Kommunikationskosten, da die Kommunikationsverfahren nicht zielorientiert benutzt werden.	Messen der Kommunikationskosten bei homogenen Gruppen

Tabelle 10.2: Beispiel einer Checkliste für Projekte der Kommunikation

10.5.3   Prüfen des Kommunikationsverhaltens

Der Erfolg der Kommunikation hängt davon ab, wie die unternehmerische Zielsetzung durch Leistungen der Kommunikation unterstützt wird; dazu ist es notwendig, die Erfolgsfaktoren zu beachten. Das kann durch Stichproben erfolgen.

Die Ergebnisse sollten zum Steuern des Kommunikationsverhaltens verwendet werden. Es müssen dabei generelle Verfahren zur Unterstützung eingesetzt werden und individuelle, die auf den einzelnen Benutzer bezogenen sind.

Erfolgsfaktor Schnelligkeit

Unter *Schnelligkeit* wird die Übermittlung oder Beschaffung von Informationen von der Quelle bis zum Nutzer verstanden. Es bringt nichts, wenn Informationen technisch schnell übermittelt werden, jedoch den Empfänger mangels Erreichbarkeit oder durch Zwischenstationen spät erreichen.

Erfolgsfaktor Genauigkeit

Genauigkeit bedeutet das zur Verfügung stellen aktueller und präziser Informationen. Hier muss Redundanz vermieden werden, jedoch kann in der Kommunikation zwischen Menschen der Aspekt bestimmter Umgangsformen nicht negiert werden.

Erfolgsfaktor Notwendigkeit

Es besteht eine starke Neigung, große Mengen von Informationen zu verteilen. Das wird heute durch die technischen Einrichtungen zunehmend unterstützt, wobei durch ein Minimum an Aufwand die Vervielfältigung von Dokumenten ermöglicht wird. Ein Beispiel sei hier die Verwendung von Verteilern bei E-Mail oder Voice-Mail.

Erfolgsfaktor Nachhaltigkeit

Informationen müssen lebensfähig sein, d.h. sie müssen nach Möglichkeit einen ausreichenden Bestand haben. Zu schnelle Änderungen oder Korrekturen verursachen Turbulenzen und begünstigen eine hohe Anzahl von Missverständnissen.

10.5.4   Überprüfen des Sicherheitsniveaus

Sicherheitskonzepte müssen sich kontinuierlich auf einem festgelegten Niveau bewegen. Dazu ist es notwendig,

> ➢ die Einhaltung der vereinbarten Maßnahmen ständig zu überprüfen

> ➢ die Entwicklung neuer Gefahrenquellen zu beobachten, auf ihre Bedeutung für das Unternehmen zu überprüfen und ggf. entsprechende Abwehrmaßnahmen zu veranlassen

Wichtig ist es auch, von neutraler Seite das gesamte Sicherheitskonzept in größeren Abständen überprüfen zu lassen. Eine der (aufwändigen!) Möglichkeiten ist die Zertifizierung durch den BSI. Dieses Zertifikat hat eine Gültigkeit von 2 Jahren.

11 Die Kommunikation sichern

Das Ziel des Unternehmens ist es, durch angemessene Sicherheitsmaßnahmen einen ausreichenden Schutz der Kommunikation zu Gewähr leisten sowie ihre Verfügbarkeit sicherzustellen. Der Umfang der Maßnahmen richtet sich nach der eigenen Einschätzung des Schutzbedarfs und nach den zur Verfügung stehenden Lösungsmöglichkeiten. Er ist begrenzt durch die finanziellen Mittel, die man in eine Technologie mit dem festgestellten Schutzbedarf investieren will. Die Investition dient der Verringerung der Eintrittswahrscheinlichkeit des Schadensfalles.

In diesem Kapitel wird vorgeschlagen, wie die Kommunikation entsprechend den Ansprüchen des Unternehmens gesichert werden kann.

11.1 Standortbestimmung

Die Ziele und die zu ergreifenden Maßnahmen orientieren sich an Fragestellungen, die im Folgenden als Beispiel beschrieben werden (Bild 11.1).

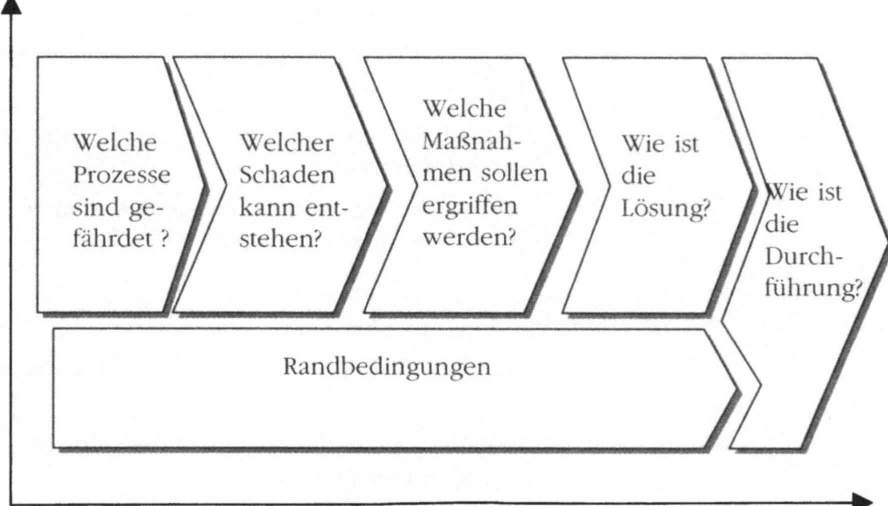

Abbildung 11.1: Zielsetzung für die Sicherheit

Sicherheitsmaßnahmen für die Kommunikation sind Teil eines generellen Sicherheitsprozesses. Es ist darauf zu achten, dass die speziellen Belange der Kommunikation ausreichend betrachtet werden:

- ➤ Gefährdete Kommunikationsprozesse:
    - o Kommunikation im Vertrieb mit E-Mail, Voice – Mail, Mobiltelefon
    - o Kommunikation mit Kunden wegen... mit....

- ➤ Art der Störungen beim Kommunikationsprozess, die zu einem Schaden für das Unternehmen führen
    - o Abgebrochener Informationsfluss
    - o Verfälschte oder zerstörte Informationen

- ➤ Folgen von Störungen in Bezug auf Schadensklassen:
    - o Arbeitsausfall
    - o Auftragsverluste
    - o Technische Maßnahmen zur Wiederherstellung
    - o Korrekturmaßnahmen verfälschter Daten

- ➤ Notwendige Maßnahmen:
    - o Personelle Maßnahmen wie Schulung
    - o Organisatorische Maßnahmen wie Einführung eines Berechtigungskonzeptes
    - o Technische Maßnahmen wie redundante Systeme oder Produkte
    - o Ausweichmöglichkeiten für den Ausfall wichtiger Kommunikationsdienste

- ➤ Umfang von Lösungen:
    - o Konzeptionell durch Änderungen des Umfangs bei der Sicherheitslösung
    - o Organisatorisch durch den Aufbau der entsprechenden Projektorganisation

> o Auswahl eines kompetenten externen Unternehmens mit entsprechenden Spezialisten zur Lösung des Problems
>
> o Personell durch Benennen der erforderlichen Mitarbeiter

> ➤ Alternative Durchführung von Sicherheitsmaßnahmen:
>
>> o Abgestimmtes Konzept mit der Informationsverarbeitung
>>
>> o Überprüfung entsprechend einem vom Unternehmen selbst festgelegten Sicherheitsniveau
>>
>> o Überprüfung nach externen Verfahren, die einen hohen Aufwand erfordern können. Beispiel ist die Orientierung an dem Grundschutzhandbuch des *BSI* (Bundesamt für Sicherheit in der Informationstechnik). Es gibt drei Stufen: 1. Selbsterklärung „Einstiegsstufe" 2. *Selbsterklärung „Aufbaustufe"* 3. *Grundschutz-Zertifikat*

Sicherheitskonzepte nach externen Verfahren erfordern einen hohen Aufwand

> ➤ Zu beachtende Randbedingungen:
>
>> o Budget
>>
>> o Bestehende Verträge
>>
>> o Qualifikation der Mitarbeiter
>>
>> o Vorhandene Technik

11.2 Methoden zur Überprüfung der Sicherheit

Das Management eines Unternehmens hat die Schwierigkeit, die eigene Sicherheit anhand eines akzeptierten Maßstabs messen zu können. Es gibt eine größere Zahl von Methoden, die zur Analyse der IuK – Sicherheit verwendet werden können. Alle Verfahren haben Schwerpunkte, deshalb ist zu empfehlen ggf. Kombinationen von Verfahren einzusetzen. Diese Verfahren sind auf Grund der Dominanz der Datenverarbeitung stark an der Informationstechnologie orientiert. Entsprechend sind die daraus abgeleiteten Kommunikationsverfahren wie E-Mail abgedeckt, vermutlich jedoch nicht immer ausreichend die aus der Nachrichtentechnik resultierende Technologie wie das Telefonieren oder Voice Mail.

Von den bisher eingesetzten Verfahren sind für Anwender die folgenden am besten geeignet[1]:

> *IT-Grundschutz des BSI*

> *ISO 17799/BS 7799*

> *ISO 13335*

> *CobiT*

Es gibt darüber hinaus noch weitere Verfahren, die andere Schwerpunkte haben.

Das *Bundesamt für Sicherheit in der Informationstechnik* BSI hat Standard-Sicherheitsmaßnahmen entwickelt, die von unabhängigen Auditoren überprüft und vom BSI zertifiziert werden. Die Zertifizierung gilt für 2 Jahre und muss dann wiederholt werden.

Es gibt dazu eine umfangreiche Dokumentation in dem BSI Grundschutz Handbuch. Der Inhalt ist:

> ein Leitfaden zur Definition des IT- Sicherheitsmanagements im Unternehmen

> eine Sammlung von Gefährdungen für IT- Einrichtungen und von IT- Systemen

> eine Sammlung von Maßnahmen zur Absicherung gegen diese Gefährdungen

Das IT- Grundschutzhandbuch ist hauptsächlich auf den Schutz von Informationen, IT- Anwendungen und IT- Systemen mit „normalen" Sicherheitsanforderungen ausgerichtet. Es gibt weiterführende Empfehlungen für einen höheren Sicherheitsbedarf. Das Handbuch repräsentiert die Erfahrungen vieler namhafter deutscher Unternehmen und wird ständig weiterentwickelt.

Die ISO Normen 17799/BS 7799 beschäftigen sich u.a. mit Aspekten der Sicherheitspolitik, der Organisation der Sicherheit, personeller Sicherheit, Management der Kommunikation und des Betriebes sowie Zugangskontrollen. Die Norm enthält keine pro-

---

[1] Die folgenden Ausführungen dieses Kapitels basieren zum Teil auf der Studie „IT-Sicherheitskriterien im Vergleich" der Projektgruppe 21/ networks direkt, die ausführlich die Verfahren beschreibt und bewertet

duktorientierten und nur sehr stark zusammengefasste technologieorientierte Vorgaben.

Die ISO Norm TR 13335 gliedert sich in „Konzepte und Modelle der IT Sicherheit", in „Managen und Planen von IT- Sicherheit", in „Techniken für das Management" und „Auswahl von Sicherheitsmaßnahmen".

Cobit (Control Objectives for Information and Related Technology) dient zur Etablierung und Nutzung eines geeigneten Kontrollfeldes. Es ist kein definiertes Sicherheitsniveau vorgegeben, jedoch besteht eine Ausrichtung auf die Ziele des Unternehmens.

Zielgruppe für die Ergebnisse der auf ISO Normen und CobiT beruhenden Verfahren ist das Management. Für den IT- Sicherheitsbeauftragten sind der BSI Grundschutz sowie die ISO Normen am wichtigsten.

Die Skalierbarkeit, d.h. die Anwendung für Unternehmen unterschiedlicher Größe ist praktisch bei allen Verfahren gegeben, da die Möglichkeit der Gruppierung oder der Behandlung von Teilsystemen vorhanden ist.

Die Kosten der Umsetzung einzelner Verfahren sind schwer abschätzbar, da sie von der Verfügbarkeit der benötigten Unterlagen und auch von der Homogenität der installierten IuK Geräte abhängen. Notwendige Aufwendungen lassen sich erst nach entsprechenden Vorstudien abschätzen. Um das Unternehmen auf einem bestimmten Sicherheitsniveau zu halten, sind permanent Aufwendungen notwendig. Diese beziehen sich einerseits auf die Kosten von entsprechenden Audits, andererseits auch auf die zur Behebung erkannter Mängel.

Manche der Verfahren werden durch zur Verfügung gestellte Werkzeuge unterstützt. Dazu gehört das BSI Grundschutzhandbuch wie auch CobiT.

Die Berücksichtigung der betroffenen *Gesetze für die Sicherheit* erfolgt für deutsche Firmen zwangsläufig nur durch das BSI, bei dem an vielen Stellen auf gesetzliche Bestimmungen hingewiesen wird. Alle anderen Verfahren sind international oder haben keinen Bezug zu Deutschland.

11.3   Aufbau eines Sicherheitsprozesses

Die Planung von wirksamen Sicherheitsmaßnahmen sollte für die gesamte Informations- und Kommunikationstechnologie durchgeführt werden.

Das Erarbeiten eines Sicherheitskonzeptes sollte durch ein „Top Down" Vorgehen realisiert werden, um die Maßnahmen konsequent an den Zielen zu orientieren. Hier wurde ein Vorgehen der Firma networks direkt auf der Basis des BSI Prozesses ausgewählt (Bild 11.2).

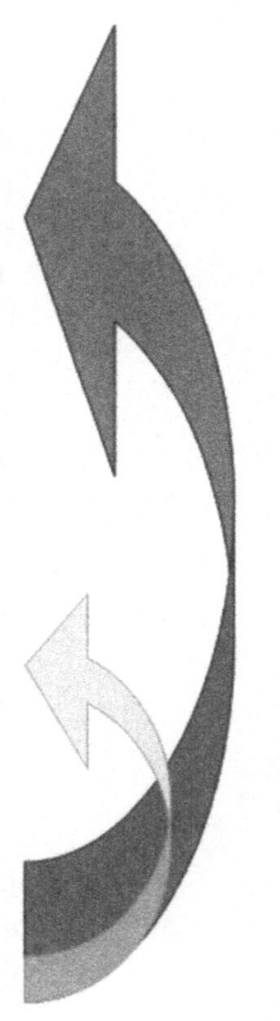

**Bild 11.2: Planen und Umsetzen des Sicherheitsprozesses
        (Quelle: BSI/networks direkt)**

Dieser Prozess muss regelmäßig rückgekoppelt werden, um auf Veränderungen im oder außerhalb des Unternehmens zu reagieren.

In einem Unternehmen steht die Sicherung der Informationsverarbeitung häufig im Vordergrund, da das Funktionieren der Geschäftsprozesse von essenzieller Wichtigkeit ist. Die Kommunikation muss in Anlehnung an diese Prozesse besonders betrachtet werden, da hier die Auswirkungen von Störungen nicht so transparent sind.

11.4   Sicherheitsrichtlinie

Die *Sicherheitsrichtlinie* legt die unternehmerischen Eckpunkte für die Sicherheitspolitik des Unternehmens fest.

Die folgenden *Unternehmensziele* sind der Ausgangspunkt bei der Festlegung der Sicherheitsleitlinie:

> ➢ Erhöhen der Wettbewerbsfähigkeit
>
> ➢ Kundenorientierung
>
> ➢ Dienstleistungsorientierung
>
> ➢ Sicherheit

Sie sind hinsichtlich ihrer Bedeutung für die Kommunikation auszuwerten.

Die *Abhängigkeit der Kommunikation* von der Informationsverarbeitung muss definiert werden.

Die *Sicherheitsziele* legen fest, welchen Stellenwert die Sicherheit der Kommunikation für das Unternehmen hat. Sie werden an den unternehmerischen Zielen orientiert. Hier wird festgelegt, welcher Sicherheitsbedarf angestrebt wird. Dieser betrifft u.a. das Vermeiden von Störungen durch interne und externe Angriffe sowie die Sicherung gegen Ausfälle.

Die *Sicherheitsorganisation* muss dafür sorgen, dass vereinbarte Maßnahmen eingehalten, sich neu entwickelnde Risiken und Methoden erkannt und in die Schutzmaßnahmen einbezogen werden. Die Maßnahmen umfassen u.a. :

> Das Einsetzen einer eigenen Organisation mit einem oder mehreren Sicherheitsbeauftragten. Dieser oder diese sollten direkt an die Firmenleitung berichten.

> Bei Verträgen mit Dienstleistern, beispielweise für die Wartung von Kommunikationseinrichtungen, muss sichergestellt sein, dass deren Mitarbeiter bekannt sind und in das Sicherheitssystem des Auftraggebers integriert wurden.

> Es ist ein Berichtswesen aufzubauen, mit dem kontinuierlich über Maßnahmen und Störungen informiert wird.

> Es ist wichtig, ein Verfahren zur Eskalation bei besonders kritischen Situationen einzurichten. Damit soll sichergestellt werden, dass die Probleme schnell beseitigt werden können.

11.5   Sicherheitsmanagement einsetzen

Voraussetzung für den Aufbau eines Sicherheitsprozesses ist das Einsetzen eines Sicherheitsmanagements. Die Aufgaben müssen klar definiert sein und die ausgewählten Mitarbeiter müssen über ausreichende Kompetenzen verfügen.

Es ist notwendig, dass Sicherheitsmanager an die Geschäftsleitung berichten, jedoch nicht an den Geschäftsführer, der die operative Verantwortung für den Bereich IuK hat.

Natürlich müssen die entsprechenden Mitarbeiter ausreichend kompetent sein und deshalb laufend geschult werden. Diese Schulung sollte umfassen:

> Gesetzgebung für die Kommunikation wie

> o   Telekommunikationsgesetz

> o   Telekommunikations-Überwachungsverordnung (TKÜV)

> Anwendungen und Lösungen

> BSI Grundschutz (sofern angestrebt)

Die Sicherheitsstrategie des Unternehmens und ihre Umsetzung muss vom Management kontinuierlich überprüft werden.

Es ist in der Regel unabdingbar, sich durch geeignete externe Berater der Sicherheit für die Kommunikation neutral und kompetent unterstützen zu lassen.

11.6 Sicherheitskonzept erstellen

Das Sicherheitskonzept muss ein IuK Konzept sein

Das Erstellen eines Sicherheitskonzeptes für die Kommunikation unterscheidet sich nicht prinzipiell von dem der Informationsverarbeitung. Es sind, sofern der Grundschutz des BSI angestrebt wird, bestimmte Stufen zu durchlaufen:

Die *Strukturanalyse* umfasst die Analyse aller sicherheitsrelevanten Komponenten. Nicht nur technische Produkte wie Server sind hier gemeint, sondern auch die dazu notwendigen Räumlichkeiten. Durch eine Zusammenfassung gleichartiger Produkte wird die Komplexität reduziert.

Bei der *Schutzbedarfsanalyse* wird untersucht, welche Produkte oder Prozesse einen Schaden verursachen können. Hierbei werden die einzelnen Komponenten mit den im Grundschutzhandbuch definierten Maßnahmen überprüft. Erfüllen diese nicht die Sicherheitsanforderungen, so werden die notwendigen Maßnahmen festgelegt. Zur Ermittlung des Schutzbedarfs werden verschiedene Rahmenbedingungen berücksichtigt:

> Erfüllung der unternehmerischen Aufgaben

> Konflikt mit Gesetzen, Vorschriften, Verträgen, Imageverlust

> Finanzielle Auswirkungen

Durch die *Modellierung* werden die technischen Bausteine so gruppiert, dass sie denen des Grundschutzhandbuches vom BSI entsprechen. Damit können die dort vorgeschlagenen Sicherheitsmaßnahmen abgebildet werden.

Der *Sicherheitscheck* dient der Schutzbedarfsermittlung aller Komponenten. Der ermittelte Status repräsentiert den IST-Zustand der Sicherheit im Unternehmen

Der Status kann sein:

> Entbehrlich

> Erfüllt

> Teilweise erfüllt

> Nicht erfüllt

11.7   Umsetzung von Sicherheitsmaßnahmen

11.7.1   Festlegung der Sicherheitsdokumentation

Einer der wichtigen Grundlagen für das Einhalten eines Sicherheitsstandards ist die *Sicherheitsdokumentation*. Sie umfasst alle Unterlagen, die die verabschiedeten Maßnahmen und das Verhalten bei Sicherheitsvorfällen beschreiben.

Die *Sicherheitsanweisungen* umfassen die Vorgaben für die Verwendung von sicherheitsrelevanten Verhaltensmaßnahmen wie die Vergabe von Zugriffsrechten für bestimmte Personengruppen, die Verwendung von Passwörtern, das regelmäßige Ändern von Passwörtern.

Als Beispiel soll der Inhalt einer Richtlinie zur Nutzung von IuK-Endgeräten beschrieben werden. Es ist das Papier, das jeder Nutzer lesen und verstehen muss, um danach zu handeln. Deshalb muss die Richtlinie kurz und verständlich sein. Sie enthält u.a. die folgenden Themen:

> ➢ Zweck der Sicherheitsanweisung
>
> ➢ Geltungsbereich
>
> ➢ Rechtsgrundlagen
>
> ➢ Begriffe
>
> ➢ Zuständigkeiten
>
> ➢ Verantwortlichkeit des IuK-Nutzers
>
> ➢ Verhalten bei Störfällen

Besonders wichtig ist die präzise und unmissverständliche Beschreibung der Verantwortlichkeit des Nutzers.

11.7.2   Sicherheitsbewusstsein

Sicherheit ist nur erreichbar, wenn ein entsprechendes Bewusstsein geweckt und beibehalten wird.

Sicherheitsbewusstsein ist Sache des Managements

Das Management ist der zentrale Angelpunkt für das Durchführen einer Sicherheitspolitik. Es muss davon überzeugt sein, dass die Beseitigung interner Schwachstellen von entscheidender Bedeutung für die Sicherheit eines Unternehmens ist. An erster Stelle steht hierbei eine entsprechende Firmenkultur, die aufgebaut und nachhaltig verfolgt werden muss. Man kann davon ausgehen, dass sich eine solche Kultur erst nach mehreren Jahren ausreichend etabliert. Von entscheidender Bedeutung sind,

> ➢ das Sicherheitsbewusstsein bei den Mitarbeitern zu wecken und permanent aufrechtzuerhalten

> ➢ jedem die Folgen von Sicherheitsmängeln für das Unternehmen deutlich zu machen

> ➢ jedem Mitarbeiter unmissverständlich klar zu machen, welche persönlichen Konsequenzen ihm im Falle eines Verstoßes drohen

> ➢ konsequente und auf die Tätigkeit des Mitarbeiters zugeschnittene Zugriffsrechte

> ➢ sofortiges Aktualisieren bei Änderungen der Beschäftigung

> ➢ Sicherheitsmechanismen konsequent regelmäßig zu überprüfen

Durch das Sicherheitsbewusstsein der Mitarbeiter müssen Störungen, die durch ihre Aktivitäten entstehen, auf ein Mindestmaß reduziert werden.

Die Schwerpunkte sind hier Schulung, ständige Unterweisung und Kontrolle.

Die Schulung muss u.a. beinhalten:

> ➢ die Darstellung von Schäden, die das Unternehmen durch Angriffe auf die Informations- und Kommunikationstechnik erleiden kann

> ➢ die Darstellung der Motivation interner und externer Personen, dem Unternehmen Schaden zuzufügen

> ➢ die Sicherheit im Umgang mit der Kommunikation.

Das ständige Vermitteln von Wissen über Sicherheitsprobleme beispielweise mittels E-Mail sollte die Aufmerksamkeit der Mitarbeiter für dieses Thema aufrecht erhalten.

11.7.3 Technische Maßnahmen zur Erhöhung der Sicherheit

Die technischen Maßnahmen für die Kommunikation orientieren sich an den potenziellen Störungen und Ausfällen.

Für das Vermeiden von Störungen ist dabei Folgendes kontinuierlich zu überprüfen:

> ➢ Leistungsfähigkeit der eingesetzten Produkte
>
> ➢ Aktualisierung der sicherheitsrelevanten Produkte
>
> ➢ Überprüfung der richtigen Konfigurierung

Die Verfügbarkeit wird durch die Qualität verwendeter Produkte erreicht. Redundanz muss durch technische Maßnahmen dort erzeugt werden, wo Ausfälle das Unternehmen am härtesten treffen.

11.8 Gesetzeslage in Deutschland

Der ausreichende Schutz von Daten ist keine freiwillige Entscheidung, sondern durch Gesetze vorgeschrieben. Diese relativ konkreten Vorschriften können bei Missachtung teilweise gravierende persönliche oder finanzielle Folgen für die verantwortlichen Manager haben. Die entsprechenden *Gesetze* sind:

> ➢ Gesetz zur Kontrolle und Transparenz im Unternehmensbereich (KonTraG)
>
> ➢ Bundesdatenschutzgesetz (BDSG)
>
> ➢ Teledienste Datenschutzgesetz
>
> ➢ Telekommunikationsgesetz
>
> ➢ Signaturgesetz
>
> ➢ Telekommunikations-Überwachungsverordnung (TKÜV)
>
> ➢ Gesetz über rechtliche Rahmenbedingungen für den elektronischen Geschäftsverkehr

Verstöße gegen einige der Gesetze können im Extremfall mit Geldstrafen bis 250.000 € oder mit Freiheitsstrafen bis zu zwei Jahren geahndet werden.

Um der hohen Komplexität des Themas gerecht zu werden, sollte man nach Bedarf externe Spezialisten einsetzen. Diese sind meist gut ausgebildet, neutral und meistens schnell verfügbar.

12 Ausblick

Das Vertrauen in neue Technologien hat durch das Kollabieren der Dotcom Wirtschaft erheblich gelitten. Es ist wieder mehr Nüchternheit gefragt. Die rasante technologische Entwicklung der Kommunikation und ihre immense Leistungsfähigkeit wird dabei einen wichtigen Platz einnehmen, da sie ein wichtiger Faktor für den Unternehmenserfolg sein wird.

Die Entwicklung der Kommunikation hängt von mehreren Faktoren ab:

> Den zukünftigen Anforderungen an das Unternehmen

> Den Umgebungsbedingungen

> Der technischen Entwicklung der Kommunikationsprodukte sowie dem Leistungsangebot

> Der Integration mit den Geschäftsprozessen

> Dem Verhalten der beteiligten Menschen

Die heutigen Anforderungen an ein Unternehmen sind gekennzeichnet durch den hohen *Wettbewerb* und die *Internationalisierung*. Die Situation wird sich vermutlich noch verschärfen, sodass die Wettbewerbsfähigkeit und die Wirtschaftlichkeit durch die Kommunikation gestützt werden müssen. Das bedeutet hohe Anforderungen an die Echtzeitverarbeitung von Geschäftsprozessen.

„Wir glauben, dass in spätestens 10 Jahren die meisten Geschäftsprozesse in Echtzeit oder zumindest beinahe in Echtzeit ablaufen werden."[1]

Die *Umgebungsbedingungen* eines Unternehmens sind durch verschiedene Einflussgrößen bestimmt. Dazu gehören die politi-

---

[1] Gartner Interview Spiegel Online November 2002

sche und wirtschaftliche Stabilität, die Verfügbarkeit von personellen Ressourcen im In- und Ausland sowie die Gefährdungslage eines Unternehmens durch Computerkriminalität.

Die *technische Entwicklung* ist geprägt durch schnelle Innovationszyklen, die sich in Richtung einer interaktiven und multimedialen Zukunft entwickelt. Die bisherigen technologischen Ebenen der Kommunikation verändern ihre Leistung und werden um eine Steuerungsebene ergänzt (Bild 12.1):

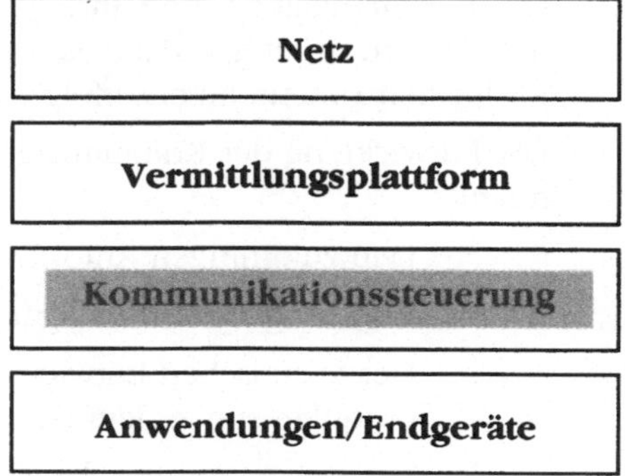

Bild 12.1: Technologische Ebenen der Kommunikation

> ➢ Die Vermittlungsplattform als *Softswitch* wird zukünftig Daten und Sprache vermitteln, wobei in einer Übergangszeit die bestehenden Kommunikationssysteme durch *Gateways* IP–fähig gemacht werden. Durch den zunehmenden Einsatz der *IP-Technologie* wird eine stärkere Standardisierung erfolgen, die eine größere Flexibilität beim Einsatz von Produkten unterschiedlicher Hersteller ermöglicht.

> ➢ Das Netz wird sich zu einem wirtschaftlicheren *IP-Netz* verändern, das Sprache und Daten überträgt und eine große Bandbreite zur Verfügung stellt. Diese Entwicklung wird sich vorerst bei internen Netzen durchsetzen. Übertragungsgeschwindigkeiten werden dort schnell 50 KB/sec erreichen.

> ➢ Leistungsmerkmale im Sinne einer Kommunikationssteuerung werden alle Medien integrieren und damit dem einzelnen Benutzer eine große Flexibilität beim Informationsaustausch ermöglichen:

o Eine logische Integration aller Sprach- und Datenendgeräte, über die der Informationsfluss und Benachrichtigungen nach individuellen Vorgaben gesteuert verteilt werden können

o Das Zusammenführen von Mailboxen für Fest- und Mobilfunk zu einem Speicherzentrum

o Das Einrichten von Prioritätenlisten, die eine differenzierte Behandlung von Anrufen ermöglichen

o Einrichten eines Portals für engste Mitarbeiter, wo jederzeit deren Erreichbarkeit erkannt und einfach eine Telefonverbindung hergestellt werden kann

o Schnelles Organisieren von Video- und Telefonkonferenzen

o Text und Sprache werden stärker verzahnt: E-Mails können abgehört werden, die Antwort kann mit der Sprache erfolgen usw.

Wesentliche Firmen der Kommunikations- und Datenverarbeitungsindustrie haben damit begonnen, entsprechende Produkte auf den Markt zu bringen.

Bei den Endgeräten wird Video eine immer größere Rolle spielen und quasi das Telefonieren beerben und, wodurch die Qualität der Kommunikation erheblich gesteigert werden kann. Smartphones werden für die geschäftliche Nutzung die PDAs und Handys ersetzen.

Entscheidend wird sein, wie die Hersteller das zunehmende Angebot von Leistungen durch eine auf die Fähigkeiten eines Benutzers ausgerichtete Benutzerführung brauchbar machen.

Die *Integration der Geschäftsprozesse* mit der Kommunikation wird eine entscheidende Rolle spielen.

„Kommunikationsgestützte Geschäftsprozesse werden nicht nur die betriebliche Effizienz steigern. Sie werden auch zum Entstehen schlanker , zielgerichteter Arbeitsmethoden beitragen"[2]

---

[2] Andy Mattes/Bob Emmerson: 21st Century Communications, Hoffmann und Campe

Es wird eine wesentliche Aufgabe der Zukunft sein, die Rationalisierungspotenziale dieser Integration zu analysieren und umzusetzen.

Man sollte sich nicht von der Euphorie der Lieferanten anstecken lassen, die eine immer schönere (Kommunikations-)Welt versprechen. Es sind die Menschen, die die Kommunikation gestalten! Ohne ihr Mitwirken kann eine optimierte Kommunikation nicht erreicht werden. Dabei sind gleichermaßen Manager und auch die Benutzer gefordert.

Bei den *Managern* kommt es darauf an, dass sie kompetent die richtigen Entscheidungen treffen, die zu den notwendigen Kommunikationsprodukten führen. Sie sind auch diejenigen, die für ein angemessenes Kommunikationsverhalten zu sorgen haben. Sie müssen erkennen, wie wichtig eine optimale Kommunikation für den Geschäftserfolg ist. Hier muss ein Wandel gegenüber der heutigen Situation eintreten, bei der Kommunikation nur Dienstleistung ist.

Bei *Benutzern* muss das Verhalten für eine optimale Kommunikation so in Fleisch und Blut übergegangen sein, dass ihr Handeln dadurch geprägt wird. Dazu gehört auch, dass sie die Kommunikation nicht nur nach ihren eigenen Interessen sondern partnerschaftlich ausrichten; denn jede Information bedeutet Arbeit und/oder Störung für den Empfänger. Das erfordert auch hier ein sehr diszipliniertes Arbeiten.

Optimale Kommunikation kann nicht zufällig entstehen; sie ist das Ergebnis permanenter Anstrengungen. Die Kommunikation ist eine große Chance für Unternehmen, ihre Wettbewerbsfähigkeit entscheidend zu verbessern. Sie sollten sich dieser Herausforderung stellen!

Glossar

In dem Bereich der Information und Kommunikation gibt es viele Begriffe, die Gleiches oder Ähnliches bedeuten. Aus Gründen des Marketings entstehen immer neue Bezeichnungen, die teilweise inhaltlich identisch mit bereits vertrauten sind. Englische Begriffe sind gängig und häufig nicht vermeidbar. Einige der verwendeten Begriffe sind firmenspezifisch.

1gIP

1st Generation IP. Beschreibt die heute technisch realisierbare Wertschöpfung durch die Integration von Sprache und Daten. Der Begriff stammt aus dem Mobilfunk.

2gIP

2nd Generation IP. Beschreibt die zukünftige Wertschöpfung durch die Integration von Kommunikation mit den DV-orientierten Geschäftsprozessen

Access Points

Sind bei WLAN die Funkstationen, über die ein Datentransfer aufgebaut werden kann. Auch Hot Spots genannt

ACD

Automated **C**all **D**istribution ist ein Programm, das ankommende Telefonanrufe nach festgelegten Regeln verteilt und das Kommunikationsverhalten auswertet.

A-Nummer

Teilnehmernummer des **A**nrufenden beim Telefonieren

API

Application **P**rogramming **I**nterface beschreibt eine standardisierte Schnittstelle, mit der die Anwendungsprogramme mit Betriebssystemen verkehren können.

ATM

Asynchronous **T**ransfer **M**ode ist ein leistungsfähiger Datenübertragungsstandard für eine temporäre Direktverbindung

Bluetooth

Funkübertragungsprotokoll für Sprache und Daten mit geringer Reichweite

BSI

Bundesamt für Sicherheit in der Informationstechnik

Buddy-List

Eine Liste ausgewählter Partner, für die angezeigt wird, ob und über welches Medium sie gerade erreichbar sind.

Call Center

Zentrale Vermittlung für Telefonanrufe häufig in Verbindung mit ACD

Collaboration

Bedeutet Funktionen, die eine Kommunikation von Gruppen ermöglicht. Beispiel: Videokonferenzen

Communication Center

Zentrale Vermittlung für Telefon, Fax E-Mail und Voice–Mail, auch Service Center genannt

CRM

Customer Relationship Management/Software zur Verbesserung der Kundenbeziehungen

CTI

Computer Telephony Integration bedeutet die Integration von Vermittlungssystemen mit der Informationsverarbeitung

DECT

Digital Enhanced Cordless Telecommunication

Dialogorientierte Kommunikation

Bedeutet den direkten Austausch von Informationen beim Telefonieren. Hierfür wird auch der Begriff der synchronen Übertragung verwendet

EMS

Enhanced Messaging Service ist ein Verfahren des Mobilfunks zum Übertragen von Texten und Zeichenformaten

ERP

Enterprise Resource Planning ist standardisierte Software für betriebswirtschaftliche Abläufe. Ein Beispiel ist SAP.

GAP

Generic Access Profile

GPRS

General **P**acket **R**adio **S**ervice ist ein Protokoll für Paketvermittlung der Sprache beim Mobilfunk, das auf dem GSM beruht. Die faktische Übertragungsgeschwindigkeit ist 26,8 Kb/sec

Groupware

Beschreibt die Funktionalität von Software, die die Zusammenarbeit von Personen in Netzwerken organisiert. Dazu zählen Dokumentenmanagement, Document-Sharing, Kalender sowie Software zur Arbeitsablaufsteuerung

GSM

Global **S**ystem for **M**obile Communication ist ein international genutztes Protokoll des Mobilfunks mit der Möglichkeit einer Datenübertragung mit 9600 bit/sec

Hot Spots

Funkstationen bei WLAN, auch Access Points genannt

Informations- und Kommunikationstechnologie

Bedeutet die jeweilige technische Ausrüstung für die Informationsverarbeitung bzw. Kommunikation

Informationsverarbeitung

Steht für die betriebswirtschaftliche Verarbeitung von Daten

Instant Messaging

Sofortige Meldung des Kontaktversuchs bestimmter Personen. Beispiel: Anzeige des Anrufs einer priviligierten Person auf dem PDA

Interactive Voice Response

Steuerung eines Auskunftssystems durch Sprache oder Tastatureingabe

IP

Internet **P**rotocol ist die Basis der Sprach- und Datenübertragung zur Übertragung von Datenpaketen

ISDN

Integrated **S**ervices **D**igital **N**etwork ist der Standard zur Übertragung digitalisierter Sprache und von Steuerungsdaten mit 2x64 kb/s.

IuK oder I&K

Ist der Begriff für die gesamte Informationsverarbeitung und Kommunikation

Kommunikation

Wird für alle Übertragungen von Informationen, seien es Sprache, Text, Daten usw. verwendet

Kommunikationsportal

Begriff für den Zugang zu allen autorisierten Diensten und Anwendungen einer Person, wobei Groupware, Unified Messaging und WEB Zugang abgedeckt werden.

Kommunikationssysteme

Moderne Sprachvermittlungssysteme, die mit Informationssystemen und Datennetzen verknüpft sind

MMS

Multimedia **M**essaging **S**ervice ist ein Verfahren im Mobilfunk zum Übertragen von Bildern und Klingeltönen

Monologorientierte Kommunikation

Versenden von Informationen. Hierfür wird auch der Begriff asynchrone Übertragung oder store & forward verwendet.

PBX

Private **B**ranche **E**xchange ist der englische Begriff für Telefonsysteme

PC

Stationärer Arbeitsplatzrechner

PDA

Personal **D**igital **A**ssistant sind mobile Geräte mit Terminkalender u.ä. organisatorischen Hilfsmitteln

PoP

Point **of** **P**resence ist der Einwahlknotenpunkt eines Unternehmensnetzes

Presence Awareness

Festlegung der Erreichbarkeit für unterschiedliche Personen durch verschiedene Medien.

Proprietär

Wird verwendet im Sinne von firmenspezifischen Eigenschaften, die kein Standard sind

PSTN

Public **S**ervice **T**elephony **N**etwork ist das Öffentliche Netz

QoS

Quality of Service ist die Beschreibung der Identifikation von Echtzeit Medien wie Sprache und deren Priorisierung bei der Übertragung

Real-Time Enterprise

Beschreibt die Verbindung von Echtzeitkommunikation mit DV-orientierten Geschäftsprozessen.

SIP

Session Initiation Protocol ist das Signalisierungsprotokoll für Sprach-Daten-Übertragungen. SIP ist in Windows XP integriert.

Smartphone

Ist eine Kombination aus PDA und Handy

SMS

Short Message Service ist ein Verfahren beim Mobilfunk zum Übertragen kurzer Texte mit einer max. Länge von max. 160 Zeichen

Softphone

Bezeichnet die Leistungsmerkmale einer Kommunikationsanlage, die auf einem PC abgebildet und bedient werden können

Softswitch

Kommunikationssysteme für Daten und Sprache auf der Basis des Internetprotokolls

TAPI

Telephony API ist die von Microsoft und INTEL festgelegte Schnittstelle für Telefon-Anwendungen wie Telefonieren über das Adressverzeichnis des PC

TCP/IP

Transmission Control Protocol Protokoll auf der Basis der IP Übertragung, das die Größe und die Adressinformationen eines Datenpaketes festlegt

TK-Anlagen

Telekommunikationsanlagen als konventionelle Telefonvermittlungen

UMS

Unified Message Service ist die Zusammenfassung verschiedener Kommunikationsverfahren wie E-Mail, Voice-Mail, SMS und Fax mit einer jeweils entsprechenden Bedienerführung auf einem Server. Das ermöglicht die Anzeige aller erhaltenen Nachrichten, Nutzung eines gemeinsamen Adressverzeichnisses u.a. auf einem PC oder die Abfrage über das Telefon von unterwegs.

UMTS

Universal **M**obile **T**elecommunication **S**ystem ist ein internationales Protokoll des Mobilfunk, das eine faktische Datenübertragung mit 128-144 Kb/sec ermöglicht

Voice-Mail

Verfahren zum Versenden von Sprachmitteilungen. Die Kommunikation erfolgt über Sprach(Mail)boxen. Die Nachrichten können einzeln aufgerufen, kommentiert weiterverschickt oder beantwortet werden.

VoIP

Übertragung der Sprache über Datenleitungen unter Verwendung des Internetprotokolls

VPN

Virtuel **P**rivate **N**etwork ist die Bezeichnung für ein privates Netz als (virtueller) Teil des öffentlichen Netzes

WAP

Wireless **A**pplication **P**rotocol beim Mobilfunk. Standard für den Internetzugriff

WLAN

Wireless **LAN** ist eine drahtlose Datenübertragung auf kurzen Strecken mit 11 Mbit/sec

Anhang 1 Integrierte Anwendungen

1. Übersicht

Integrierte Anwendungen für die Kommunikation werden von Herstellern von Kommunikationssystemen, den Netzbetreibern des Mobilfunks oder von Netzanbietern angeboten. Darunter werden hier Produkte verstanden, die über ein Kommunikationsverfahren hinaus weiter gehende Kommunikationsleistungen beinhalten. Netzanbieter sind Firmen, die Dienste im Netz anbieten, wobei sie teilweise eigene Netze verwenden..

In der Tabelle 1 sind die Produkte übersichtlich dargestellt. Die genannten Firmen als Anbieter sind exemplarisch. Es sind diejenigen die bereit waren, Unterlagen zur Verfügung zu stellen. Das bedeutet nicht, dass sie die Einzigen sind, die diese Produkte anbieten.

Anwendung	Anbieter		
	Kommunikationssysteme	Mobilfunk	Netzanbieter
Kommunikation mit dem Unternehmen	K1, K2A,2B, K5, K7		N1,N4
Kommunikation am Arbeitsplatz	K 3		N3
Kommunikation mit/von Teams			N5 ,N6
Mobilität	K4A,4B	M1	N2
Kommunikation im Internet	K6		
Kommunikation mit Geräten		M2	

Tabelle 1: Übersicht über Beispiele von Anwendungen

Die einzelnen Anwendungen überlappen sich teilweise oder sind kombiniert einsetzbar. Die angebotenen Produkte verändern relativ schnell ihre Inhalte wie auch die technischen Voraussetzungen für ihren Einsatz, jedoch bleiben sie als grundsätzliche Einsatzfälle bestehen.

2. Anwendungen mit Kommunikationssystemen

Szenario K 1: Anrufoptimierung bei der Vermittlung	
Ausgangssituation	Keine schnelle Entgegennahme von Anrufen. Keine Auswertung des Telefonverkehrs. Die Mitarbeiter müssen bei Anrufen erst nach der Kundennummer fragen, dann die Daten des Kunden aufrufen, um sich mit der Historie des Anrufers vertraut zu machen (Wichtiger Kunde oder Rechnung nicht bezahlt u.a.)
Produktbeschreibung	Das Produkt soll die Abwicklung von Anrufen durch einen automatischen Zugriff auf Kundendaten vereinfachen, wobei auch die Historie wie bisherige Anrufe, Schreiben usw. mit angezeigt werden.
Leistungsbeschreibung	➢ Steuerung der Anrufe nach A-Nummer (sofern erkennbar) oder einmaliger Eingabe möglich. ➢ Sofortige Anzeige der kundenspezifischen Daten ➢ Protokollierung des Anrufes mit der Möglichkeit, Notizen einzugeben oder Bilder/Dokumente mit anzufügen. Damit ist die Kundenhistorie rekonstruierbar ➢ Automatisches Eskalationsmanagement mit Zielterminverfolgung, sodass keine Anfrage vergessen wird. ➢ Zugriff auf Telefonbücher
Nutzen	➢ Für den Kunden: Schnelle Reaktion auf Anrufe ➢ Für den Betreiber: Aussagekräftige Statistiken und Berichte schaffen Transparenz; Einsparung von Personalkosten durch schnellere Bearbeitung von Anrufen; größere Kundenzufriedenheit
Alternative	Vergleichbare Anwendungen von Netzbetreibern
Lieferanten	Siemens Hipath TeamBase mit Hipath CAP1.0 Avaya Communication Manager 1.3 mit Avaya CT Server Lösung

Szenario K 2 A: Service Center/ Kontaktzentrum /Contact Center	
Ausgangssituation	Die Weiterleitung von Anrufen erfolgt ungesteuert an gleichwertige Agenten oder Personen. Andere Services fehlen.
Produktbeschreibung	Multimediales Kommunikationszentrum für Telefon, E-Mail, SMS,Voice-Mail, Fax
Leistungsbeschreibung	➢ Durch vorherige Abfrage wird eine automatische Steuerung des Anrufes nach Themen oder der Nationalität des Anrufers zu kompetenten Mitarbeitern erreicht. Identifikation des Anrufers und Zuordnung zu Agenten (Skill Based Routing) ➢ Ankommende E-Mails werden erst dann bearbeitet, wenn Leerlaufzeiten im Telefonverkehr entstehen. ➢ Virtuelle Agentengruppen, die jeweils für einen Anruf auf Grund ihrer Fähigkeiten zusammengestellt werden ➢ Browser basierte Administration real time ➢ Grafische Reports ➢ Automatischer Rückruf bei Unterbrechungen ➢ WEB Collaboration für die Verkehrssteuerung und Berichtswesen über das Internet ➢ Integration mit SAP und Siebel ➢ Mini IVR (Interactive Voice Response=Interaktive Abfrage) ➢ Simulator zum vorab Testen von Verkehrsaufkommen
Nutzen	➢ Für den Kunden: Bessere Steuerung zu kompetenten Mitarbeitern. ➢ Für den Betreiber: Einsparung von Personalkosten durch schnellere Bearbeitung von Anrufen; größere Kundenzufriedenheit
Lieferanten	Siemens Hipath Procenter (Entry, Standard, Advanced)

Szenario K 2 B: Kontaktzentrum /Contact Center/Service Center	
Ausgangssituation	Die Weiterleitung von Anrufen erfolgt ungesteuert an gleichwertige Agenten oder Personen primär für Sprache. Der Agent muss zwischen verschiedenen Kommunikationsverfahren hin- und herwechseln.
Produktbeschreibung	Multimediales Kommunikationszentrum für Telefon, E-Mail, SMS, Voice-Mail, WEB-Selbstbedienung, WEB Chat, IVR (Interactive Voice Response), schnelles Erkennen von Engpässen
Leistungsbeschreibung	➤ Steuerung der Kundeninteraktionen durch Nutzung einer Wissensdatenbank; Zuordnung zu den entsprechenden Agenten, Einräumen von Prioritäten ➤ Zentrale Datenbank mit FAQs (Frequentliy Asked Questions) ➤ Verbindung zu verschiedenen Datenquellen ➤ Eskalationsprozeduren ➤ Stichwortanalyse bei E-Mail ➤ Softphonesteuerungen für An- und Abmeldung, Konferenzschaltung ➤ Outbound Aktionen wie automatisches Anrufen, personalisierte Antworten ➤ Integration mit Siebel, SAP und Peoplesoft Programmen ➤ Einsatz in Verbindung mit Kommunikationssystemen anderer Hersteller
Nutzen	➤ Für den Kunden: Bessere Steuerung zu kompetenten Mitarbeitern. ➤ Für den Betreiber: Einsparung von Personalkosten durch teilweise automatische Bearbeitung von Anrufen; größere Kundenzufriedenheit
Lieferanten	Avaya ™ Multimedia Contact Center, Avaya™Interaction Center, Avaya™ Operational Analyst u.a.

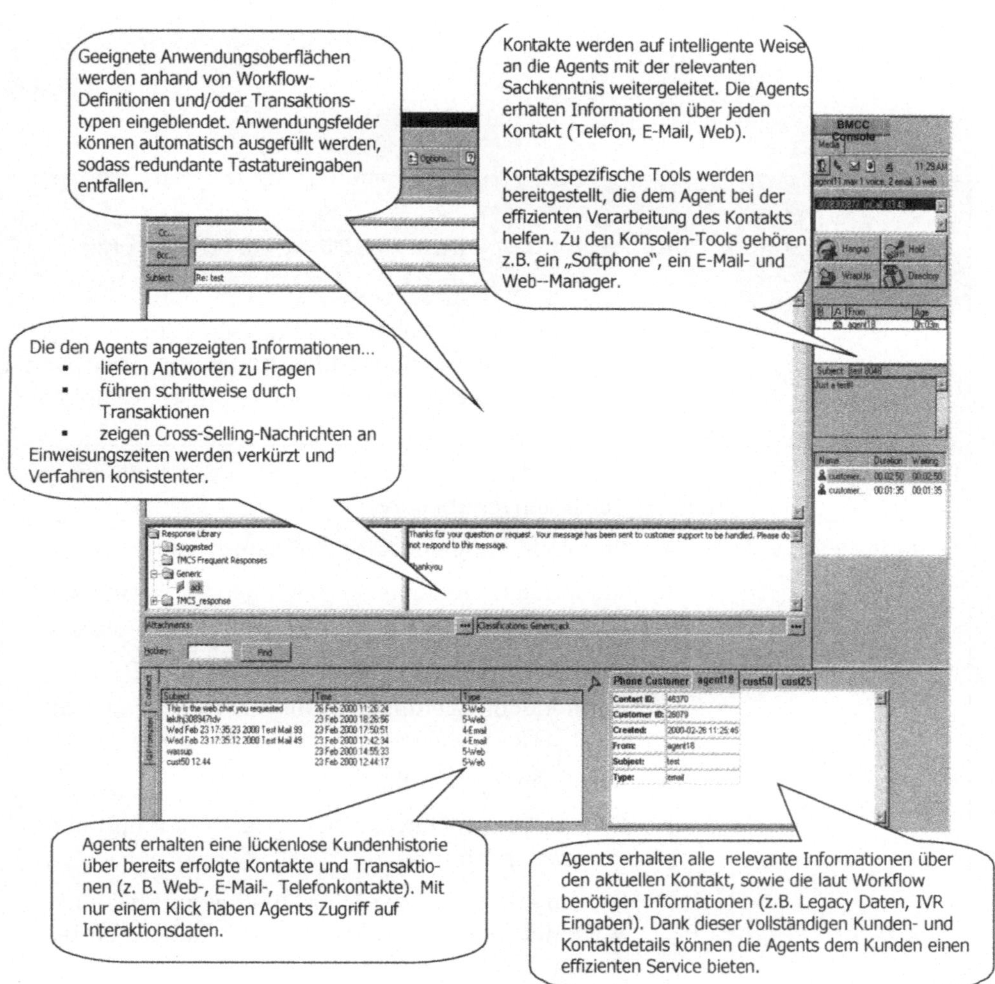

Bild 1: Avaya ™ Multimedia Contact Center, Agentenfrontend /-arbeitsplatz

Szenario K 3: Optimierung der Anrufabwicklung am Arbeitsplatz	
Ausgangssituation	Der Mitarbeiter nutzt das Telefon und den PC getrennt und kann gespeicherte Informationen über Kommunikationspartner (Notizen, Adressen) nicht mit den Telefonanrufen kombinieren.
Produktbeschreibung	Erweiterung des Microsoft Outlook Systems durch die Integration mit der Datenverarbeitung
Leistungsbeschreibung	➢ Protokollierung der Anrufe, Ergänzen durch Notizen ➢ Anrufen aus Dokumenten mit einer Telefonnummer im Outlook ➢ Suchen in globalen Telefonbüchern ➢ Anruferidentifizierung aus Outlook Kontakten und LDAP Telefonbüchern (Exchange, Meta Directory) ➢ Anrufplanung und Rückrufliste ➢ E-Mail Benachrichtigung bei umgeleiteten und übernommenen Anrufen ➢ Nutzung der Telefonkomfortfunktionen (Rückfrage, Makeln, Konferenz, Rufweiterleitung) über den Bildschirm ➢ Erfassen von Anrufen auch dann, wenn der Server für diese Anwendung ausgeschaltet ist
Nutzen	➢ Für den Kunden: Schnellere Abwicklung von Anrufen ➢ Für den Betreiber: Gute Organisation des eigenen Telefonverkehrs und rationelles Telefonieren
Lieferanten	Siemens Hipath Team Base und Hipath Procenter, Anwendungen sind abhängig von den verwendeten Funktionen des TAPI Protokolls. Avaya Communication Manager 1.3 + Avaya CT Server Lösung, mit TAPI Service Provider/Avaya Multimedia Contact Center

Szenario K 4 A: Mobiles Büro (Unified Messaging)	
Ausgangssituation	Monologorientierte Nachrichten werden auf getrennten Endgeräten ausgegeben. Sie können nur am Arbeitsplatz empfangen werden.
Produktbeschreibung	Die monologorientierten Nachrichten E-Mail, Voice-Mail und Fax werden auf dem Bildschirm des PC gemeinsam dargestellt und können wahlweise bearbeitet werden. Sie werden in einer Mailbox gesammelt, auf die von überall zugegriffen werden kann
Leistungsbeschreibung	➢ Durch die zur Verfügung gestellten Kommunikationsdienste für akkreditierte Teilnehmer mit Sprache als Voice-Mail, Fax, E-Mail, SMS ➢ Die Unterstützung des Telefonierens im Dialog durch Verwendung einer Adressdatei für alle Dienste ➢ Durch Anzeige der entgangenen Anrufe mit der Möglichkeit sofort einen Rückruf einzuleiten, wenn die Telefonnummer der Anrufers mit übertragen wurde. ➢ Durch die Konvertierung bestimmter Medien. Das betrifft E-Mails und SMS Nachrichten, die am Telefon vorgelesen oder als Fax ausgedruckt werden können. ➢ Zugriff auf Informationen über WEB-Browser Die Benachrichtigung über eingetroffene Nachrichten bedeutet, dass nach deren Eingang eine entsprechende Signalisierung erfolgen kann; sie erfolgt durch u.a. ➢ eine Briefkastenlampe am Telefon oder ➢ eine Anzeige am Bildschirm des PCs oder ➢ eine SMS am Mobilfunktelefon
Nutzen	➢ Für den Kunden: Bessere Erreichbarkeit ➢ Für den Betreiber: Weniger Störungen durch Telefonanrufe; jederzeit von überall Zugriff auf alle Nachrichten möglich
Lieferanten	Siemens Hipath Xpressions

Szenario K 4 B: Mobiles Büro (Unified Messaging)	
Ausgangssituation	Monologorientierte Nachrichten werden auf getrennten Endgeräten ausgegeben. Sie können nur am Arbeitsplatz empfangen werden.
Produktbeschreibung	Die monologorientierten Nachrichten E-Mail, Voice-Mail und Fax werden auf dem Bildschirm des PC gemeinsam dargestellt und können wahlweise bearbeitet werden. Sie werden in einer Mailbox gesammelt.
Leistungsbeschreibung	Einheitliche Kommunikationslösung für Sprache als Voice-Mail an Stelle des Telefonierens, Fax, E-Mail, SMS mit MS Outlook und Lotus Notes Integration. ➢ Verwaltung der Outlook/Lotus Notes E-Mail, Termine und Adressen von jedem Ort über Telefon und Web-Access. ➢ Durch die Text-to-Speech Engine (TTS) können Termine am Telefon in Outlook eingetragen werden, E-Mails vorgelesen und bearbeitet (weiterleiten etc.) werden. Die Benachrichtigung über eingetroffene Nachrichten bedeutet, dass nach deren Eingang eine entsprechende Signalisierung erfolgen kann; sie geschieht durch ➢ eine Briefkastenlampe am Telefon oder ➢ eine Anzeige am Bildschirm des PCs oder ➢ eine SMS am Mobilfunktelefon ➢ durch Anruf an eine festgelegte Rufnummer
Nutzen	➢ Für den Kunden: Bessere Erreichbarkeit ➢ Für den Betreiber: Weniger Störungen durch Telefonanrufe; jederzeit von überall Zugriff auf alle Nachrichten möglich
Lieferanten	Avaya Unified Communication Solution

Szenario K 5 : Interaktive Sprachabfrage (Interactive Voice Response)	
Ausgangssituation	Der Anrufer stößt permanent auf Besetztzeichen, kann nicht außerhalb der Arbeitszeit Nachrichten hinterlassen oder braucht relativ viel Zeit, um notwendige Daten zu finden
Produktbeschreibung	Abfrage durch Sprachmenüs
Leistungsbeschreibung	➢ Vorgabe von variablen Sprachansagen ➢ Der Anrufer kann jeweils die geforderten Angaben eingeben ➢ Steuerung ggf. durch Sprache oder Tasteneingabe ➢ Verzweigung zu unterschiedlichen Menüs möglich
Nutzen	➢ Kunde: Eingaben unabhängig vom Zeitpunkt, keine Wartezeiten ➢ Betreiber: Reduzierung der Abfragezeiten
Lieferanten	Praktisch alle Lieferanten und Netzbetreiber

Szenario K 6: Kommunikation im Internet	
Ausgangssituation	Die Interessenten wollen sich über die Produkte des Anbieters bei einem Call Center informieren oder können ein E-Mail Fenster öffnen, um ihre Fragen zu hinterlassen. Für telefonische Rückfragen steht jedoch häufig keine Leitung zur Verfügung; die E-Mails werden oft erst spät beantwortet.
Produktbeschreibung	Durch die Installation eines geeigneten Software Produktes kann das Unternehmen dem Interessenten, der bereits auf der Homepage ist, einen Kontakt mit dem Agenten ermöglichen, sodass über ein „Chat" Informationen sofort vermittelt werden können.
Leistungsbeschreibung	➢ Medienzugang mit Telefon, E-Mail oder Fax über den Internet-Online Kontakt ➢ Verwendung eines Buttons, mit dem der Kunde direkt mit einem Agenten verbunden wird ➢ Verwendung einer Leitung für Internet Zugang und Chat
Nutzen	➢ Kunde: Steigerung der Kundenzufriedenheit durch schnelle Information ➢ Betreiber: Bessere Möglichkeit der direkten Versorgung mit Informationen; kein Verlust des Kundenkontaktes und damit möglicherweise des Auftrages
Lieferanten	Siemens Hipath Web Interaction Center Office Avaya Interaction Center

Szenario K 7: Integration eines Service Centers mit mySAP-CRM Umgebung	
Ausgangssituation	Die Bestellannahme wird von einem Standort aus vorgenommen, wobei ein Call Center eingesetzt ist. Die eingehenden Anrufe werden separat vom SAP System behandelt.
Produktbeschreibung	Zusammenführen der Datenverarbeitung mit der Kommunikation an der Unternehmensschnittstelle (Front-End-Applikation), wobei die komplette Telefonie-, E-Mail und ACD – Funktionalität in die Agentenapplikation Customer Interaction Center (CIC) integriert ist.
Leistungsbeschreibung	➢ Daten der eingehenden Anrufe sind auf dem Bildschirm des Agenten sichtbar. Dazu gehören u.a. alle Geschäftsvorfälle der Vergangenheit, Bestellungen, offene Forderungen ➢ Die Steuerungstabellen nach Kompetenz der Agenten (Skilled Based Routing Tabellen) werden vom CRM-Systems automatisch in die TK-Anlage übernommen, sodass Telefonanrufe an die richtige Stelle geleitet werden. ➢ Bei Änderung des Bestellverhaltens wird damit der Anrufer an einen jetzt passenden Agenten weitergeleitet
Nutzen	➢ Kunde: Steigerung der Kundenzufriedenheit durch schnelle Bearbeitung der Anfrage beim richtigen Agenten ➢ Betreiber: Höhere Produktivität durch das Vermeiden von falschen Partnern für die Abwicklung
Lieferanten	Siemens Hipath ProCenter Advanced integriert in mySAP Avaya ™ Multimedia Contact Center

3. Anwendungen mit Mobilfunk

Szenario M 1 : Local Based Services LBS	
Ausgangssituation	Keine Information über den Aufenthaltsort des Teilnehmers
Produktbeschreibung	Mit Local Based Services LBS können standortbezogene Dienste realisiert werden. Da bekannt ist, in welcher Funkzelle sich Mobilfunkteilnehmer befinden, können lokale Dienste realisiert werden.
Leistungsbeschreibung	Ein Beispiel ist das Übersenden eines Straßenplans für den Kundendienst oder von kundenbezogenen Daten zur Unterstützung des Kundendienstes.
Nutzen	Hohe Zeitersparnis durch große Flexibilität
Lieferanten	Prinzipiell alle Service Provider

Szenario M 2 : Telematische Anwendung mit Mobilfunk	
Ausgangssituation	Geräte müssen durch Personen überprüft werden, ob sie noch funktionsfähig sind
Produktbeschreibung	Die Geräte sind in der Lage, sich bei Ausfall zu melden. Ggf. kann auch in regelmäßigen Abständen eine Funktionsfähigkeit quittiert werden.
Leistungsbeschreibung	An die jeweiligen Geräte wird ein Modem angeschlossen, dass unter Verwendung des GPRS den Ausfall oder die Funktionsfähigkeit meldet.
Nutzen	Sehr niedrige Übertragungskosten, da bei GPRS paketorientiert abgerechnet wird
Lieferanten	Alle Netzbetreiber

4.   Anwendungen der Netzanbieter von Sprachnetzen

Bei den Anwendungen bzw. Diensten der Netzanbieter kann parallel zum Sprachverkehr ein Datenverkehr erforderlich sein, der zum Beispiel die Administration betrifft. Hier ist zu prüfen inwieweit ein ggf. eingesetzter Firewall Probleme hat, diese Daten durchzulassen.

Szenario N 1: Einheitliche Rufnummer	
Ausgangssituation	Das Unternehmen hat verschiedene Standorte, die mit geografisch unterschiedlichen Telefonnummern zu erreichen sind. Der einzelne Sachbearbeiter kann nur über die entsprechende Telefonnummer seines Standortes erreicht werden. Im Besetzfall kann die Vermittlung nur zu einem anderen Teilnehmer am Standort geschaltet werden.
Produktbeschreibung	Einheitliche Rufnummer für alle Standorte
Leistungsbeschreibung	➢ Aufbau eines Netzes mit einheitlicher Rufnummer ➢ Weiterleitung eines Anrufes nach geografischen oder zeitlichen Vorgaben zum Unternehmen, zu Standorten oder Arbeitsplätzen ➢ Die Verteilung von Anrufen kann von einfachen bis zu komplexen Lösungen reichen. ➢ Am einfachsten ist als Zieladresse das Unternehmen mit seinen geografischen Strukturen, als besonders komplex die Anwahl des einzelnen Arbeitsplatzes zu sehen.
Nutzen	➢ Für den Kunden: Ortsgebühren bei Anruf, unabhängig davon, wo der Sachbearbeiter sitzt. Schnelle Bearbeitung. Höchste Verfügbarkeit. ➢ Für den Betreiber: Einheitliches Auftreten am Markt, Nutzung von flexiblen Kostenstrukturen und Basis für weitere netzorientierte Leistungen
Lieferanten	dtms AG, COLT GmbH Routing Control

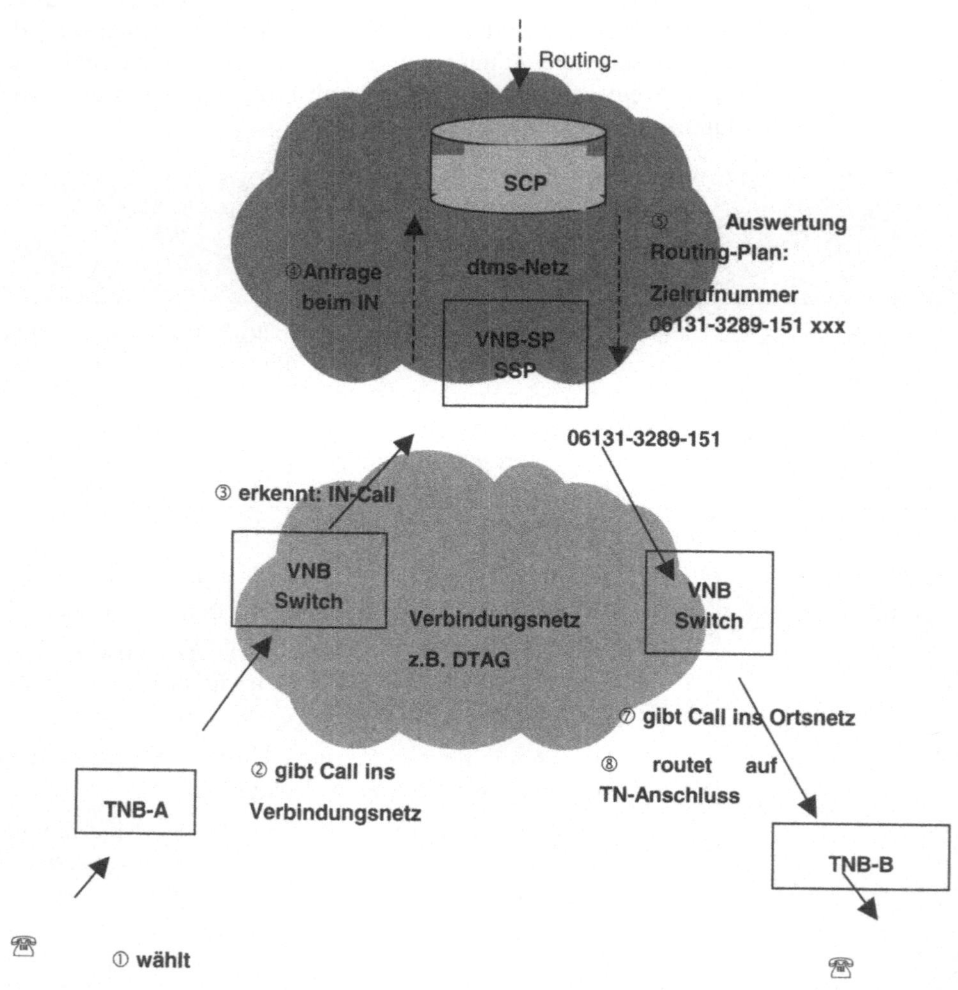

Bild 2: Steuerung der Anrufe durch Routing Control (Quelle dtms AG)

Begriffe: TNB Teilnehmer Netzbetreiber ,VN Verbindungsnetzbetreiber, SS Service Control Point , SSP Service Switching Point

Szenario N 2: Weltweites Kommunikationsnetz in Verbindung mit virtuellem privatem Netz VPN	
Ausgangssituation	Für firmeninterne Telefongespräche werden öffentliche Netze verwendet, die zu teuer und nicht ausreichend sicher sind. Personen, die weltweit im Einsatz sind, können ein nationales Firmennetz nicht nutzen
Produktbeschreibung	Weltweites Netz auf der Basis eines VPN (Virtuelles Privates Netz)
Leistungsbeschreibung	➢ Einwahl weltweit über PoP (Point of Presence) ➢ Verwendung von Übertragungsstrecken, die mit dem VPN per Vertrag weltweit nutzbar sind ➢ Einwahl in den PoP durch ISDN, GSM, Festnetz möglich
Nutzen	➢ Für den Nutzer weltweit nur lokale Gebühren oder kostenfrei ➢ Für den Betreiber ein einheitliche Vertragsstruktur und Abrechungsszenario ➢ Günstige Telekommunikations-Kosten ➢ Kontrolle über die Kosten ➢ Überwachung der Performance durch Netzbetreiber
Lieferanten	COLT IP Corporate, dtms AG 0800 IP Access

Szenario N 3: Steuerung von Anrufen unter Verwendung einer IN Nummer	
Ausgangssituation	Der Mitarbeiter kann am Arbeitsplatz eine Anrufumleitung eingeben, die aber nur dort veränderbar ist und keine Alternativen der Weiterleitung für den Anrufer ermöglicht
Produktbeschreibung	Strukturierung von Arbeitsplätzen für Anrufe. Es wird dabei festgelegt, wohin Anrufe im Besetzt- oder Freifall weitergeleitet werden sollen.
Leistungsbeschreibung	➢ Die Alternativen können räumlich oder zeitlich variiert werden. ➢ Beim Handy könnte das sein: 1. an den Vertreter, 2. an die Voice Mail Box (Anrufbeantworter) im Festnetz ➢ Beim Telefon im Büro könnte das sein: 1. an das Handy 2. an den Vertreter 3. an das Voice Mail System als Anrufbeantworter ➢ Die Eingabe der Struktur erfolgt durch das Internet und kann auch aus der Ferne geändert werden. ➢ Ausschluss unerwünschter Anrufer ➢ Zulassung erwünschter Anrufer
Nutzen	➢ Für den Kunden: Hohe Erreichbarkeit des Mitarbeiters ➢ Für den Betreiber: Hohe Erreichbarkeit, Kostenorientierung möglich
Lieferanten	dtms AG Corporate Connect, COLT GmbH Routing Manager, Lösungen unterscheiden sich

Szenario N 4: Anrufoptimierung bei der Vermittlung	
s. auch Beschreibung der Anwendung im Festnetz (Szenario K1)	
Ausgangssituation	Durch die Einwahl Dritter über die Service Schnittstelle können große Mengen von Gesprächen zu Lasten des Betreibers der Vermittlung geführt werden. Das wird zu spät bemerkt, da die Rechnung erst mit Verzögerung kommt
Leistungsbeschreibung	Eingabe eines Schwellwertes für die angefallenen Telekommunikationskosten-Kosten, bei dessen Erreichen der Betreiber informiert wird.
Nutzen	Sicherheit gegen Missbrauch durch Führen einer sog. Blacklist, mit der Dienstkunden ein dynamisches Limit eingeräumt wird. Dieses Limit verändert sich mit der Kenntnis der Kreditwürdigkeit. Bei Überschreiten des Limits wird die SNR Nummer für den Dienstkunden gesperrt.
Lieferanten	COLT GmbH

Szenario N 5: Telefon- oder Videokonferenzen über öffentliche Netze	
Ausgangssituation	Telefon- oder Videokonferenzen* können nicht durchgeführt werden, weil einzelne Teilnehmer nicht die entsprechenden Ausrüstungen haben oder die mögliche Teilnehmerzahl begrenzt ist.
Produktbeschreibung	Aufbau und Steuerung von Telefon/Videokonferenzen über öffentliche Netze
Leistungsbeschreibung	➢ Vereinbarung der Leistung mit einem Unternehmen (Master)* ➢ Übermittlung von Terminen per E-Mail an die gewünschten Teilnehmer ➢ Vergabe von Passwörtern für die Teilnehmer ➢ Überprüfung der Authentizität bei Anmeldung der Teilnehmer ➢ Möglichkeit der Stummschaltung der anderen Teilnehmer und Erteilung des Wortes auf Anfrage ➢ Erweiterung der Teilnehmer jederzeit möglich
Nutzen	➢ Flexible Möglichkeit, mit vielen Teilnehmern unmittelbar zu sprechen. Große Kosteneinsparung
Alternative	Konferenzschaltung mit einem Kommunikationssystem. Hier muss die Administration selbst durchgeführt werden. Einschränkung der Teilnehmerzahl
Lieferanten	COLT GmbH Voice Conferencing, dtms AG Conference *) nur COLT

<table>
<tr><td colspan="2" align="center">Szenario N 6: TV-Übertragung</td></tr>
<tr><td>Ausgangssitu-
ation</td><td>Rundschreiben an bestimmte Mitarbeiter per Brief oder E-Mail.
Eine Reaktion ist nur mit erheblicher Zeitverzögerung möglich</td></tr>
<tr><td>Produktbe-
schreibung</td><td>TV-Übertragung an den Arbeitsplatz</td></tr>
<tr><td>Leistungsbe-
schreibung</td><td>➢ Übertragung vom Video zum Arbeitsplatz festgelegter Teilnehmer

➢ Reaktion zeitnah durch E-Mail an den Sprecher

➢ Sprecher kann sofort reagieren</td></tr>
<tr><td>Nutzen</td><td>➢ Mittel, um viele Manager oder Mitarbeiter zu informieren

➢ Hohe Akzeptanz möglich, da offene Fragen sofort beantwortet werden können</td></tr>
<tr><td>Lieferanten</td><td>Freigabe vorgesehen</td></tr>
</table>

1 Netze

Für die Daten- und Sprachübertragung gibt es unterschiedliche Netze:

> ➤ Die Daten-Netzstruktur einer Organisation baut sich auf den lokalen Netzen, d.h. den LANs (Local Area Networks) einzelner Standorte und den überregionalen Netzen, den WANs (Wide Area Networks) auf.

> ➤ Die Sprach-Netzstruktur hat gleichartige und lokale und überregionale Netze, bei denen die Sprache meistens digital übertragen wird. Die Netze werden intern von den Firmen selbst und überregional von den Telekom-Firmen zur Verfügung gestellt.

Sprach- und Datennetze verwenden unterschiedliche *Übertragungsverfahren*, wobei die Übertragung leitungs- oder paketorientiert erfolgt:

Leitungsorientierte Übertragung

> ➤ Die sog. *leitungsorientierte Übertragung* besteht aus einer festen Verbindung und ist dauerhaft für eine bestimmte Zeit geschaltet. Sie wird für das Telefonieren oder für die ständige Übertragung vieler Daten verwendet. Teile der geschalteten Strecke werden durch verschiedene Frequenzbänder von unterschiedlichen Nutzern parallel verwendet.

Paketorientierte Übertragung

> ➤ Bei der sog. *paketorientierten Übertragung* werden die zu übertragenden Daten in Pakete aufgeteilt. Viele Nutzer teilen sich eine Leitung, wobei die Reihenfolge bei der Übertragung der Pakete zwischen Nutzern gemischt wird. Das ist vergleichbar der Paketbeförderung bei der Post, wo viele Pakete mehrerer Absender zusammen befördert werden. Am Zielort werden sie ggf. für einen Empfänger zusammengefasst und zugestellt. Hierzu wird Intelligenz benötigt. Die Pakete werden am Entstehungsort gepackt und am Zielort in der richtigen Reihenfolge wieder zusammengesetzt.

> Der Grund für diese komplizierte Technik liegt in der einerseits zu übertragenden geringen Datenmenge je

Teilnehmer, andererseits in der extrem hohen Leistung von Übertragungsleitungen. Mit den heute üblichen Übertragungsleistungen benötigt ein Nutzer nur den Bruchteil der Übertragungskapazität. Inklusive der Steuerungsinformationen hat ein Paket mit einem Byte Information die Größe von minimal 32 Byte. Die Übertragungsgeschwindigkeit beträgt bei den üblicherweise eingesetzten LAN 2 MB/sec (= 2.000.000 B/sec) oder bei den WAN (Wide Area Networks) 155 MB/sec (= 155.000.000 B/sec).

VoIP Übertragung

➤ Bei der Sprach-Datenübertragung- *VoIP (Voice over Internet Protocol)* wird die Sprache digitalisiert, in das IP-Format konvertiert, komprimiert und übertragen. Die gewählten Rufnummern müssen dabei in IP Adressen umgesetzt werden. Im empfangenden Endgerät wird die Sprache dem Datenpaket entnommen und über einen Codec dekomprimiert und damit hörbar gemacht.

Besondere Aufmerksamkeit muss bei VoIP den folgenden Aspekten für die Sprachübertragung geschenkt werden:

   o   Die Gewährleistung der ständigen Verfügbarkeit

   o   Die Sicherstellung der Sprachqualität

Das erfordert vorab besondere Vorkehrungen:

   o   Performance Messungen zur Simulation des zu erwartenden Netzverkehrs für die Überprüfung der Übertragungsqualität (QoS)

   o   Organisatorische Abstimmung zwischen den für die Informationsverarbeitung und Kommunikation zuständigen Bereichen, um ein abgestimmtes Betriebskonzept mit einer Auflistung der betroffenen Prozesse, der Administration und der Verantwortlichkeiten sicherzustellen.

➤ Angebot der Sprachleistungsmerkmale, die bei der konventionellen TK-Anlage zur Verfügung standen.

Kritische Aspekte von VoIP

Die wesentlichen kritischen Punkte beim Einsatz solcher konvergenter Übertragungsnetze sind:

> ➢ Die bei der Sprachübertragung kritischen Laufzeitschwankungen müssen durch besondere Maßnahmen zu Lasten einer simultanen Datenübertragung abgefangen werden.

> ➢ Die Lösungen sind, wie auch bei konventionellen Kommunikationssystemen, stark firmenabhängig, d.h. alle Produkte, die für die IP Telefonie benötigt werden, müssen von einem Hersteller sein. Dazu gehören IP-Telefone, Anschlusskarten für den PC und Vermittlungssysteme. Der interne Verkehr läuft über firmenspezifische Protokolle. Bestehende Endgeräte Telefon/Fax werden über Terminal Adapter angeschaltet und können dadurch weiter genutzt werden.

> ➢ Leistungsfähige standardisierte Protokolle wie das Session Initiation Protocol (SIP) sind schon bei einigen Carriern im Einsatz und bilden die Grundlage für ein einheitliches IP Übertragungsprotokoll.

Der Einsatz von gemeinsamen Leitungen für die Sprach- und Datenübertragung erfordert eine stärkere Zusammenarbeit mit einem Lieferanten als bisher.

2. Leistungsmerkmale der Datenübertragungsnetze

Netzart	Protokoll	Leistung	Begrenzung
Inhouse LAN	Ethernet	2 MB/s	Ist das am meisten eingesetzte Protokoll
	ATM Asynchronous Transfer Mode	1,5 bis 622 Mbit/s	Wird durch Ethernet abgelöst. Manche Lieferanten liefern heute schon keine Anschlusstechnologie mehr.
Ausser Haus WAN	Standleitung	64 Kbit/s bis 2 Mbit/s	
	Frame Relay	56 <Kbit/s bis 45 Mbit/s	
	Ethernet	100 Mbit/s	Geringe Komplexität, niedrige Kosten, wird zunehmend von den Netzbetreibern eingesetzt. Kein Technologiebruch zum LAN, einfach zu administrieren. Kein neues Spezialwissen erforderlich. Keine so hohe Ausfallsicherheit wie ATM
	ATM Asynchronous Transfer Mode	1,5 bis 622 Mbit/s	Dimensionierung des Bedarfs ist möglich
	SDH Synchronous Digital Hirachy		Spezialsystem, hohe Dienstqualität und -verfügbarkeit, Selbstheilungsfunktionen, teuer

Tabelle: Leistungsmerkmale der Datenübertragungsnetze

3. Übertragungsprotokolle Mobilfunk

Generation	Jahr	Protokolle	Technik
1G	80er	TACS/E-TACS	Analog, bereits mit Zellen
2G	90er	GSM	Digitale Datenübertragung mit 9,6 Kbit/s
2+G	2001	GPRS	Paketübertragung der Daten mit 114 Kbit/s und permanent geschalteten Verbindungen
3G	2003	UMTS	Bis 2Mbit/s, jedoch faktisch nur etwas schneller als GPRS mit 200-300 Kb/s. In Zellen mit vielen Teilnehmern WLAN überlegen
4G		Breitband Übertragung	Bis 155 Mb/s Integration verschiedener Systeme
		WLAN	Privates Funknetz auf kurze Distanzen mit 25 bis 300 Metern zum Anschlusspunkt (Hotspots) mit Transferraten bis 11, später 54 Mbits/s.

Tabelle: Entwicklung der Übertragungsprotokolle von Mobilfunknetzen

4.   **Managementsysteme**

Beispiel:Siemens Hipath Meta Management System

Ein Managementsystem ist ein komplexes Produkt, bei dem die einzelnen Komponenten im praktischen Einsatz individuell ausgewählt und kombiniert eingesetzt werden (Bild 4.1):

- ➢ Konfigurationsmanagement CM
  - o Konfigurierung der Kommunikationssysteme
  - o Konfigurierung der Services
- ➢ Fault Management System
  - o Identifiziert, diagnostiziert und assistiert die Beseitigung von Fehlern in einem Netzwerk
  - o Zeigt die Netzwerk Topologie
  - o Fehleranalyse
  - o Alarm Statistik
  - o Automatische Alarmierung im Fehlerfall
- ➢ Accounting/Billing System für die Kommunikation
  - o Setzt die Kommunikationsdaten in heterogen Netzwerken in Kosten und Preise um
  - o Stellt Rechnungen an Personen oder Organisationen
  - o Stellt Statistiken über die Kommunikation zur Verfügung
  - o Erlaubt autorisierten Nutzern den Zugang zum Web für Auswertungen und Verwaltung von Organisationsdaten
  - o Mandantenfähig

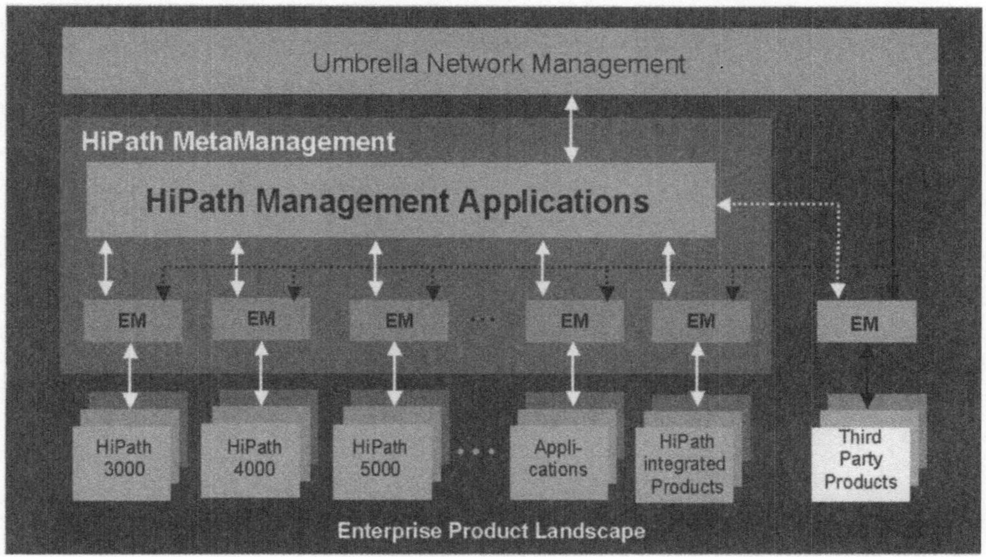

Bild 4.1: Hicom Meta Management Architektur

> User Management

  o Zentrale Verwaltung und Speicherung aller Benutzer-Daten in einer heterogenen Hipath Umgebung

  o Schnelles Navigieren, um einem Benutzer Ressourcen zuzuteilen

  o Synchronisieren von Benutzerdaten zwischen heterogenen Produkten

  o Daten Import/Export über einen integrierten Verzeichnis-Service

> Aufgaben, die allen Element Managern gemeinsam sind, werden mit Hipath Management Applications zusammen gefasst. Beispiele sind das Fault und Accounting Management.